基于遥感的草地资源
时空变化特征识别

◎乌尼图　刘桂香　都瓦拉　著

中国农业科学技术出版社

图书在版编目（CIP）数据

基于遥感的草地资源时空变化特征识别／乌尼图，刘桂香，都瓦拉著. --北京：中国农业科学技术出版社，2022. 5

ISBN 978-7-5116-5771-8

Ⅰ.①基… Ⅱ.①乌…②刘…③都… Ⅲ.①遥感技术-应用-草地资源-特征识别-研究-中国 Ⅳ.①S812

中国版本图书馆 CIP 数据核字（2022）第 079155 号

责任编辑	李冠桥
责任校对	李向荣
责任印制	姜义伟　王思文

出　版　者	中国农业科学技术出版社	
	北京市中关村南大街 12 号　　邮编：100081	
电　　　话	（010）82109705（编辑室）　　（010）82109702（发行部）	
	（010）82109709（读者服务部）	
网　　　址	https://castp.caas.cn	
经　销　者	各地新华书店	
印　刷　者	北京建宏印刷有限公司	
开　　　本	170 mm×240 mm　1/16	
印　　　张	8.25	
字　　　数	148 千字	
版　　　次	2022 年 5 月第 1 版　2022 年 5 月第 1 次印刷	
定　　　价	50.00 元	

内容简介

　　本书以基于遥感的草地资源时空变化特征识别为研究目标，主要包括基于面向对象和随机森林算法的草地类型识别、锡林郭勒草地类型时空变化识别与驱动力分析、锡林郭勒草地变化空间格局识别与驱动力分析、锡林郭勒草地生产力时空变化识别与驱动力分析等内容。相关方法和研究结果对研究我国北方草原资源及生态环境变化有重要的借鉴作用，同时可供草原、生态及灾害等相关科研、教学、管理等人员参考。

前　言

　　草地是发展畜牧业经济和维持生物圈稳定不可代替的重要自然资源。开展草地资源调查，及时掌握草地资源的数量、质量和空间分布特征，明晰草地与外界驱动力间的耦合关系对科学管理草地资源，维持畜牧业稳定发展具有重要意义。本研究利用锡林郭勒草地近 40 年的多源遥感数据与地面调查资料，采用地理空间统计方法，实现了大尺度草地类型、草地空间格局、草地生产力时空变化信息的快速提取，并定量分析了导致锡林郭勒草地资源时空变化的外在驱动因子，为锡林郭勒草地资源的合理利用提供了科学依据。主要结论如下。

　　（1）以中国草地分类系统为基础，根据锡林郭勒草地实际情况和草地遥感分类需求，通过归并相似生境条件、相同建群种的草地类型，建立了适用于中等空间分辨率影像的草地遥感分类系统。结果显示，基于此分类系统，采用面向对象和随机森林算法的锡林郭勒草地平均分类精度达 84%，满足大尺度草地遥感快速分类的需求。分类特征重要度方面，光谱特征在区分不同草地类型中具有显著作用，其重要度最高，其次为位置特征。

　　（2）20 世纪 80 年代至 21 世纪 10 年代，锡林郭勒主要草地类型的面积、破碎化程度与位置均发生了显著变化。首先，冷蒿 (*Artemisia frigida*) 草原面积大幅增加，增加量达 1.49 万 km²，其次，糙隐子草 (*Cleistogenes squarrosa*) 草原面积增加了 0.28 万 km²。另外，羊草 (*Leymus chinensis*) 草原面积大幅减少，减少量达 1.08 万 km²。景观指数变化方面，各草地类型斑块数量和斑块密度显著增加，表明草地琐碎斑块增多，破碎化程度增加。空间偏移方面，贝加尔针茅 (*Stipa baicalensis*) 草原、线叶菊 (*Filifolium sibiricum*) 草原，羊草草原、冷蒿草原和小针茅 (*Stipa klemenzii*) 草原向东偏移，典型草原类针茅草原、糙隐子草草原向西偏移。驱动近 40 年草地类型变化的因子依次为：年均降水量＞牲畜数量变化＞农业生产总值变化＞人口数量变化，表明水分条件和过度放牧是锡林郭勒草地类型变化的主要驱动力。

（3）1988 年、1998 年、2008 年和 2018 年，锡林郭勒草地面积分别为 17.60 万 km²、17.66 万 km²、17.63 万 km² 和 17.32 万 km²，约占锡林郭勒盟总面积的 86.00%。1988—2018 年锡林郭勒草地转出面积 1.10 万 km²，其他类型转入草地面积 0.82 万 km²，草地流失面积 0.28 万 km²。沙地、盐碱地和耕地是草地转出的主要形式，分别占草地总转出面积的 44.57%、20.69% 和 19.39%，与此同时，来自沙地和盐碱地的转入面积分别占转入草地总面积的 44.22% 和 11.46%，表明沙地、盐碱地治理效果虽显著，但沙地扩张、草地盐碱化现象依然严重。1988—2018 年，驱动锡林郭勒草地空间格局变化的因子依次为：人口数量变化＞农业生产总值变化＞第三产业生产总值变化＞年均降水量＞年均温度＞工业生产总值变化，表明人类活动因素对草地空间格局变化的驱动作用大于自然环境因素。

（4）1982—2018 年锡林郭勒草地净初级生产力（Net Primary Productivity，NPP）多年平均值为 251.13gC/（m²·a），并表现为自西向东递增的分布特征。草甸草原、典型草原和荒漠草原年均草地 NPP 分别为 374.15gC/（m²·a）、255.38gC/（m²·a）和 153.37gC/（m²·a），其中线叶菊草原年均 NPP 最高，达 423.35gC/（m²·a），小针茅草原年均 NPP 最低，仅 151.43gC/（m²·a）。变化趋势方面，1982—2018 年草地 NPP 呈略微下降趋势，年际变化率 -0.42gC/（m²·a），其中草甸草原 NPP 呈上升趋势，年际变化率 0.26gC/（m²·a），典型草原和荒漠草原 NPP 呈下降趋势，年际变化率分别为 -0.59gC/（m²·a）和 -0.48gC/（m²·a）。1982—2018 年，主导锡林郭勒草地生产力变化的主要因素为降水量年际变化。

目　　录

1　绪论 ·· 1

1.1　研究背景、目的和意义 ·· 1

1.1.1　研究背景 ·· 1

1.1.2　研究目的和意义 ···································· 2

1.2　国内外研究现状 ·· 2

1.2.1　草地资源调查 ······································ 2

1.2.2　草地类型遥感分类研究 ····················· 4

1.2.3　草地空间格局变化研究 ····················· 7

1.2.4　草地生产力遥感监测研究 ················ 10

1.2.5　草地资源变化驱动力研究 ················ 13

1.3　研究内容、技术路线和创新点 ································ 14

1.3.1　研究内容 ·· 14

1.3.2　技术路线 ·· 15

1.3.3　创新点 ··· 17

2　研究区概况与数据预处理 ································· 18

2.1　研究区概况 ··· 18

2.1.1　地理分布 ·· 18

2.1.2　地形条件 ·· 18

2.1.3　气候条件 ·· 18

2.1.4　水土条件 ·· 19

2.1.5　植被条件 ·· 19

2.1.6　社会经济条件 ····································· 20

2.2　数据材料与预处理 ·· 20

　　2.2.1　数据处理平台 ·· 20

　　2.2.2　基础空间数据集 ·· 21

　　2.2.3　地面样点数据集 ·· 24

　　2.2.4　统计资料 ··· 25

3　基于面向对象和随机森林算法的草地类型识别 ···················· 26

3.1　材料与方法 ··· 26

　　3.1.1　数据材料 ··· 26

　　3.1.2　样地设计 ··· 27

　　3.1.3　草地遥感分类系统 ·· 28

　　3.1.4　面向对象分类方法 ·· 31

　　3.1.5　随机森林分类器 ·· 32

　　3.1.6　分类特征选择 ·· 33

　　3.1.7　分类精度评价 ·· 35

3.2　结果与分析 ··· 36

　　3.2.1　基于湿润度指数的草地类型识别 ···································· 36

　　3.2.2　基于面向对象和随机森林算法的主要草地类型识别 ········· 36

3.3　讨论 ··· 40

3.4　本章小结 ··· 42

4　锡林郭勒草地类型时空变化识别与驱动力分析 ···················· 44

4.1　材料与方法 ··· 44

　　4.1.1　数据材料 ··· 44

　　4.1.2　潜在驱动力因子 ·· 45

　　4.1.3　质心偏移 ··· 45

　　4.1.4　景观指数 ··· 46

　　4.1.5　逻辑回归模型 ·· 47

4.2　结果与分析 ··· 47

　　4.2.1　草地类型空间分布 ·· 47

4.2.2　草地类型空间变化分析 ·· 49

4.2.3　草地类型景观指数分析 ·· 51

4.2.4　草地类型变化驱动力分析 ·· 52

4.3　讨论 ·· 54

4.4　本章小结 ·· 55

5　锡林郭勒草地变化空间格局识别与驱动力分析 ····················· 57

5.1　材料与方法 ··· 57

5.1.1　数据材料 ·· 57

5.1.2　土地利用分类系统 ··· 58

5.1.3　随机森林分类器 ··· 58

5.1.4　分类特征选择 ·· 58

5.1.5　面积转移矩阵 ·· 59

5.1.6　景观指数 ·· 60

5.1.7　潜在驱动力因子 ··· 60

5.1.8　逻辑回归模型 ·· 61

5.1.9　分类精度评价 ·· 61

5.2　结果与分析 ··· 62

5.2.1　土地类型分类精度评价 ·· 62

5.2.2　草地空间格局特征 ··· 64

5.2.3　草地面积转移分析 ··· 66

5.2.4　草地景观结构分析 ··· 69

5.2.5　草地空间格局变化驱动力分析 ······································· 70

5.3　讨论 ·· 73

5.4　本章小结 ·· 75

6　锡林郭勒草地生产力时空变化识别与驱动力分析 ·················· 77

6.1　材料与方法 ··· 77

6.1.1　数据材料 ·· 77

6.1.2　草地 NPP 计算 ·· 78

6.1.3 Sen's 斜率+MK 检验 ……………………… 80
6.1.4 主导驱动力 ……………………………… 81
6.1.5 偏相关分析 ……………………………… 82
6.2 结果与分析 ………………………………… 83
6.2.1 模型验证 ………………………………… 83
6.2.2 草地 NPP 空间分布 ……………………… 84
6.2.3 草地 NPP 变化分析 ……………………… 85
6.2.4 草地 NPP 时空演变分析 ………………… 88
6.2.5 草地 NPP 变化驱动力分析 ……………… 89
6.3 讨论 ………………………………………… 89
6.4 本章小结 …………………………………… 92
7 结论与展望 …………………………………… 93
7.1 总体结论 …………………………………… 93
7.2 展望 ………………………………………… 94
参考文献 ………………………………………… 96
附录一 锡林郭勒草原各草地组、型面积统计 …… 114
附录二 英文缩写表 …………………………… 120

1 绪论

1.1 研究背景、目的和意义

1.1.1 研究背景

广义上，草地被认为是陆地环境梯度的中间产物，是介于森林与沙漠生态系统中间，以草地植被占主体的土地类型（Gibson，2009；Dixon et al.，2014）。世界草地面积约 0.35 亿 km²，占陆地总面积的近 26%，占农业用地总面积的近 70%，与超过 8 亿人的生计有着直接联系（Schlesinger，2003；Conant，2010）。草地碳储量占陆地生态系统总量的 34%，并在气候调节、水土保持、生物多样性保护等方面具有不可替代的作用（谢高地等，2001；赵同谦等，2004）。草地资源是我国重要的国土资源，草地面积约占国土总面积的 41%，牧草种类达 5 000 多种，是发展畜牧业经济的主要物质和能量基础（苏大学，1994；中华人民共和国农业部畜牧兽医局和全国畜牧兽医总站，1996）。然而，近些年受气候变化和人类活动影响，草地减产和退化现象日益严重，成为制约区域经济稳定发展的主要障碍之一（沈海花等，2016）。研究表明，我国北方已有近 90% 的草地发生了不同程度的退化（Nan，2005）。

2019 年，中共中央办公厅、国务院办公厅印发了《关于统筹推进自然资源资产产权制度改革的指导意见》，指出加快研究制定统一的自然资源分类标准，开展自然资源统一调查监测评价工作，及时掌握自然资源现状和开发利用状况（焦思颖，2019）。为此快速准确地获取草地资源的数量、质量、空间分布特征成为今后草地资源调查工作的新要求、新方向。我国草地资源具有分布面积广、种类繁多、地形地貌复杂等特点，仅依靠传统地面调查已无法满足管理部门快速掌握草地现状的需求，因此基于遥感技术，在宏观尺度上开展草地资源快查，以快速获取草地资源的数量、质量、空间分布特征，明晰草地生态系统与外在驱动力间的耦合关系，是制定及时有效的草地生态保护政策的关键（李建龙等，1998b；Zhao et al.，2014）。

1.1.2　研究目的和意义

　　锡林郭勒地处我国正北方，草地面积广阔、牧草种类繁多，不仅是我国发展畜牧业的重要基地，也是我国北方重要的生态安全屏障（娄佩卿等，2019）。20 世纪 80 年代我国开展了全国草地资源调查，对草地资源的数量、质量及分布情况进行了系统的摸底调查，耗费了大量的人力、物力成本。随着人类活动强度的加剧以及气候变化的影响，锡林郭勒草地面积流失、草地生产力下降现象日益严重，草地资源现状发生了明显变化（姜晔等，2010；Hoffmann et al.，2016）。显然，传统草地资源调查方法已不适用于当今日益变化的草地资源，也无法满足管理部门快速掌握草地现状的迫切需求。因此在宏观尺度上快速获取草地资源变化信息，及时掌握草地与外界驱动因素间的耦合关系对科学管理草地资源、合理保护草地生态、保障畜牧业稳定发展具有重要意义。鉴于此，本研究利用多源遥感数据结合地面调查资料，在近40 年的时间尺度上对锡林郭勒草地类型、草地空间格局和草地生产力时空变化信息进行遥感快速识别，定量分析导致上述特征变化的外在驱动因素，为锡林郭勒草地资源的合理开发利用提供科学依据，为天然草地资源遥感快速调查提供技术参考。

1.2　国内外研究现状

1.2.1　草地资源调查

　　根据联合国环境规划署（UNEP）对自然资源的定义，草地资源是指具有一定数量、质量和空间分布特征，用于畜牧业生产的自然资源（中华人民共和国农业部畜牧兽医局和全国畜牧兽医总站，1996）。草地资源调查是指对草地资源的自然属性和利用现状进行调查，服务于草地管理的一项基础性工作（刘富渊和李增元，1991；廖顺宝和秦耀辰，2014）。草地资源的数量特征可以表现为草地面积和牧草产量等，质量特征则与草品种的好坏，即营养成分、适口性、毒害草含量等有关，空间结构则指不同类型草地在三维空间上的分布格局以及组织结构。显然草地资源的数量和空间结构特征相比于质量特征，在宏观尺度上更容易进行描述，而质量特征是从畜牧业生产角度出发，因此更依赖实地调查数据（中华人民共和国农业部畜牧兽医局和全国畜牧兽医总站，1996）。我国是草地资源大国，及时掌握草地资源特征对畜牧经济的可持续发展具有重要意义。

20 世纪 50 年代，老一辈草地专家先后对西藏、内蒙古和甘肃等地进行了草地实地调查，获取了中华人民共和国成立后的第一批草地资源调查资料（廖国藩等，1986）。此后，为服务于畜牧业规划，北方重点牧区地方政府先后多次组织开展了区域性草地资源调查工作，绘制和撰写了不同尺度的草地资源分布图和草地调查报告（廖国藩等，1986）。20 世纪 50 年代后期至 70 年代，中国科学院联合有关单位组建了自然资源综合考察队，对我国边疆省份草地资源开展了详细考察（廖国藩等，1986）。20 世纪 80 年代，农业部畜牧局和全国畜牧兽医总站组织开展了全国草地资源统一调查，以统一的技术规程，以县为单位，形成了县、市、省、国家尺度的草地资源调查成果，完成了《1∶100 万中国草地资源图集》等一系列成果，对国土资源的合理规划、国民经济的宏观决策等具有深远意义（中华人民共和国农业部畜牧兽医局和全国畜牧兽医总站，1996）。此外，在此次调查中遥感技术的大面积应用也开启了我国草地遥感监测时代（李建龙和任继周，1996；李建龙和王建华，1998a）。

1968 年，国际生物学计划（IBP）提出对植被初级生产力、叶面积指数等指标开展遥感监测的建议（Curtis，1978；Prince，1990）。自 1972 年，美国航空航天局（NASA）和美国地质勘探局（USGS）联合启动的 Landsat 计划，更是开启了陆地资源环境的全天候监测时代（陈全功和卫亚星，1994）。实际上，草地遥感监测就是将具有物理意义的草地特征参数，如生物量、覆盖度和群落类型等变量从影像像元值中定量提取的过程（陈全功和卫亚星，1994；李贵才，2004）。因此监测精度的关键在于影像的分辨率，包括空间、时间和光谱分辨率（赵英时，2003）。目前广泛用于草地遥感监测的影像数据可以归纳为：多时相-中、低空间分辨率影像和单时相-高空间分辨率影像（陈军等，2016）。前者又称为成像频率高，空间分辨率低的影像，如 NOAA - AVHRR（1 000m）、EOS - MODIS（250 ~ 1 000m）、SPOT-VGT（1 000m）等。由于多时相-中、低空间分辨率影像具有对地全天候观测的优势，往往被用于大尺度植被长势动态监测（李晓兵和史培军，1999；严建武等，2008；卫亚星和王莉雯，2010）。与此同时，也有不少基于多时相-中、低空间分辨率影像建立的归一化植被指数（Normalized Difference Vegetation Index，NDVI）衍生产品，如 GIMMS - NDVI、Pathfinder

AVHRR Land-NDVI、LTDR-NDVI、AVHRR CDR NDVI、FASIR-NDVI 和 MODIS-NDVI 等服务于全球尺度植被长势的监测（Beck et al.，2011）。单时相-高空间分辨率影像又称为成像频率低，空间分辨率较高的影像数据，如 Landsat TM/OIL（30m）、SPOT HRV（20m）、Sentinel 系列（10~60m）、HJ-1A/B（30m）等。由于这类数据具有较高的空间分辨率，常用于区域尺度草地资源空间特征的识别（肖鹏峰等，2004）。近些年，随着无人机高光谱遥感的发展，也有不少学者（Mansour et al.，2012；Berhane et al.，2018）在小尺度对草地资源开展了调查研究，但是高昂的数据成本使得高光谱遥感很难服务于大面积草地资源调查。

综上所述，遥感已成为当今草地资源调查的主要技术手段。随着遥感技术的发展，草地资源遥感调查无论是在调查尺度上，还是在调查指标上都得到了显著提升。本研究将从草地类型遥感分类、草地空间格局、草地生产力遥感监测和草地资源变化驱动力 4 个方面论述国内外研究进展。

1.2.2　草地类型遥感分类研究

草地类型作为生产规划的依据，是草业科学基础理论的综合体现（任继周，2008）。不同于仅从土地利用角度定义草地，草地类型强调在一定时空范围内，具有相同自然属性和经济特征的草地单元（贾慎修，1980）。开展草地类型时空变化调查对反映草地生态系统与外界因素间的耦合关系具有重要意义。根据草地所处的生境条件和草地本身的经济价值，加之分类目的差异，世界范围内有多种不同的草地分类方法（许鹏，1985）。苏联主要以自然带作为分类基础，结合地形、土壤等综合因素进行草地分类；美国则侧重于根据植被特征进行草地分类；澳大利亚由于地处热带，林地和灌丛草地比例较大，因此根据植被和气候条件进行草地分类（韩建国，1982）。相较于以上国家，我国草地资源分类研究起步较晚。20 世纪 50 年代，王栋根据地形、气候、土质条件率先提出适用于我国草地的分类方法（许鹏，1985）。1964 年，贾慎修根据气候、地形等生境条件，提出植被-生境学分类系统（Vegetation-Habitat Classification System of Grassland，VHCS）和类、组、型三级分类原则，将我国草地划分为 13 个大类（贾慎修，1980），并最终形成了指导我国第一次全国草地资源调查的统一分类标准，将全国草地划分为 18 个大类，813 个草地类型（中华人民共和国农业部畜牧兽医局和全国畜牧兽医总站，1996）。1965 年，任继周提出中国草地类型第一级分类的气候指标，形成了草地综合顺序分类方法

（Comprehensive and Sequential Classification System of grassland，CSCS），制定了包括类、亚类、型的三级分类系统，将世界草地划分为 48 个类（任继周等，1980；胡自治，1994）。

VHCS 和 CSCS 已成为我国草地分类研究中普遍使用的两套分类方法（柳小妮等，2019）。VHCS 具有直观性高、操作性强等优势，同时也有预见性低、归类合并难等缺点（贾慎修，1980；柳小妮等，2019）。CSCS 是基于草地发生和发展理论，以气候、土地、植被综合顺序进行划分的草地分类系统（任继周等，1980；胡自治，1994）。由于 CSCS 突出了植被的地带性规律，提高了分类过程的客观性，在草地遥感分类研究中得到广泛应用。张永亮和魏绍成（1990）、杜铁瑛（1992）、杨梅（2011）分别利用 CSCS 对内蒙古、青海、甘肃草地进行了分类研究。刚永和（1994）利用 CSCS，从类、亚类和型 3 级分类系统对青海乐都区天然草地进行了分类探讨。马轩龙等（2009）通过使用修正后的气象插值数据，基于 CSCS 将甘肃草地划分为 18 个类型。柳小妮等（2019）依据 CSCS 原理，利用 1961—2004 年的气象站点数据，模拟了我国年积温、年均降水量空间分布，并对中国草地类型进行了分类研究。由于 CSCS 没有考虑人为因素，一级分类主要强调植被在理想状态下演替程度，即气候顶级群落，因此难免会导致分类结果脱离实际的现象（梁天刚等，2011）。此外，CSCS 亚类与型的划分还未形成量化体系，缺乏地面样点的验证（李纯斌，2012）。虽然 VHCS 和 CSCS 在分类原则和分类指标上有较大差异，但是均强调草地的形成和发展是由气候、地形、土壤等生境条件决定的原则（柳小妮等，2019）。因此综合使用两种分类方法来解决生产实践中的问题是草地分类的新趋势。

利用遥感技术在宏观尺度快速获取草地类型空间特征已成为草地资源调查的主要形式（李建龙和任继周，1996）。这使草地分类标准和分类技术间的兼容性成为开展草地遥感分类工作的关键。遥感地物分类是利用地物光谱、纹理、几何等特征，通过判别技术对地物进行识别和归类的技术（陈云浩等，2006；陈军等，2016）。早期以人工目视解译遥感影像方法，实质上就是依靠解译者的专家知识，综合利用草地光谱、纹理、空间分布特征来勾绘草地类型（牟新待，1984）。虽然目视解译精度可观，但是对专家知识的要求高，而且具有绘制成本大、主观性强等缺陷。随着影像判别技术的发展，利用计算机自动分类技术开展地物分类已成为当前资源环境研究的主要手段（Ali et al.，2016）。Lu 和 Weng（2007）根据影像分类过程中所涉及的分类器参数、分类最小单元以及辅助数据等对目前主流的分类方法进行了详细汇总。针对目前有关草地资源分类研究，按照分类器的参数特征可以分为基于参数分类器和非参数分类器的草地分类。其中参数模型是指对数据的分布情况有一个前提假设，并通过有限个参数来描述概率分布的模型方法（Lu and Weng，2007；陈军等，2016）。研究表明，在草地类型相对简单的地区，参数模型分类精度较为可观。例如 Jadhav 等（2007）利用最大似然法和多光谱影像对印度 Banni 草地进行分类，其分类精度达 94%。Baldi 和 Paruelo（2008）利用 ISODATA 分类法结合 Landsat TM 影像对南美洲 Río de la Plata 草地进行动态监测，其影像分类精度达 90% 以上。Sha 等（2008）利用混合模糊分类器结合 Landsat ETM 影像对锡林河流域草地类型进行了分类研究，其分类精度可达 80%。由于这类算法不能够结合辅助信息，因此当草地生境条件复杂时，容易受到噪点影响导致分类精度不够稳定（Lu and Weng，2007）。非参数分类器则可以对目标函数形式不做过多的假设，具有对专家知识依赖低、分类精度可观以及可拟合大量数据等优势（陈军等，2016）。常用的模型有决策树（Decision Tree，DT）、人工神经网络（Artificial Neural Network，ANN）、支持向量机（Support Vector Machine，SVM）、随机森林（Random Forest，RF）等算法。例如钱育蓉等（2013）采用目视解译结合决策树算法对天山北坡荒漠地区草地进行了分类，分类精度达 95% 以上。马维维（2015）采用 SVM 分类器和 Landsat TM 影像，对青海湖草地类型进行详细分类，其总体分类精度达 77%。其次按照分类单元可以分为基于像元的分类或基于面向对象的草地分类。不同于土地利用类型遥感分类，草地类型间光谱特性相近，使得很难仅靠光谱特征进行大尺度草地类型的识别提取（Sha et al.，2008）。因此不少学者尝试采用影像分割技术将原有影像进行分割，从而实现面向影像对象的分类。面向对象分类方法不仅可以综合利用植被图斑的光谱、纹理、形状、空间关系等信息，而且能够让计算机学习专家经验知识，从而提高分类精度（陈云浩等，2006；Duro et al.，2012）。Brenner 等（2012）通过比较面向对象分类算法和像元分类算法在墨西哥 Buffel 草地的分类精度，发现前者在草地特征的识别方面更为出色。Melville 等（2018）采用面向对象分类方法和 RF 分类器对澳大利亚塔斯马尼亚中部地区三种草地进行识别提取，结果表明 World View-2 的分类精度达 87%。于皓（2018）采用 Landsat OLI 多光谱数据和 Sentinel-1A 雷达数据，利用面向对象分类方法对 1990—2010 年吉林省西部草地进行了识别提取，结果表明三期影像分类精度可达 87% 以上。徐大伟（2019）利用多源遥感数据，基于面向对象分类方法结合 SVM 和 RF 分类器对呼伦贝尔草地进行了分类研究，结果表明影像分类精度高达 90%。Tovar 等（2013）同样采用多源遥感数据和面向对象分类方法对秘鲁复杂山地进行了分类研究，研究表明该方法在草地识别分类方面的精度可达 76%。此外，Gu 等（2010）、郭芬芬等（2011）、Eisavi 等（2015）、Xu 等（2019）均指出植被物候特征对区分不同植被类型具有显著作用。尤其 Rapinel 等（2019）将 Mont-Saint-Michel 海湾草地 123 种草种归并为 7 种群落，并利用 Sentinel-2 时间序列数据，采用 SVM 分类器进行了提取，最终分类精度达 78%，研究还表明草地群落对影像时间分辨率的敏感度比光谱分辨率更强。

综上所述，如何快速获取草地类型时空分布特征是当前草地资源调查工作的重点。不同于土地类型遥感分类，草地遥感分类对分类技术和分类系统均提出了新要求。虽然近些年植被高光谱遥感得到了迅速发展，然而在人力、物力以及时间成本的投入考量上均不符合大尺度草地遥感分类需求。本研究认为基于中等空间分辨率影像的草地分类方法仍然是未来草地资源调查的主要技术手段。因此从分类系统和分类标准入手，构建符合现有技术手段的分类体系是实现宏观尺度草地遥感分类的关键。

1.2.3 草地空间格局变化研究

草地空间格局是草地在地理空间上的分布特征，它包含草地面积、草地界限和空间分布结构等多个特征（刘富渊和李增元，1991；苏大学等，2005）。不同时期草地空间格局的变化特征形成草地变化空间格局，因此可以认为草地空间格局变化研究实际上就是对特定时期草地变化空间格局的识别提取。在草地占主体的地区，草地格局的变化与其他土地类型密切相关，属于土地利用/土地覆盖变化（Land-use and Land Cover Change，LUCC）的研究范畴。LUCC 是反映气候变化和人类活动与地表资源环境关系的重要指标（陈佑启和杨鹏，2001）。在天然草地占主体的地区，草地空间格局变化同样可以反映外界驱动力对草地资源的影响。例如邹亚荣等（2003）采用 1980 年和 2000 年两期 Landsat TM 影像，通过获取两期我国土地利用类型图，并以草地作为研究对象分析了我国草地空间格局变化情况。巴图娜存等（2012）利用多期遥感数据分析了 1975—2009 年锡林郭勒草地资源空间格局变化，发现在区域气候变化主导下，草地面积逐渐减少，而之后在人类一系列保护政策下草地退化态势得到遏制和逆转。李建平等（2006）利用三期影像分析了 1986—2000 年松嫩平原草地时空动态变化，得出自然条件是导致草地退化的基本条件，人类活动则是决定因素。满卫东等

(2020) 基于 1990—2015 年东北草地数据集，分析了草地空间格局变化及其驱动力，发现气候、人口、经济等因素综合影响草地变化。朱晓昱（2020）通过分析呼伦贝尔草原 1990—2015 年土地利用空间分布格局，对研究区草地资源利用与保护政策提出了建议。因此开展草地空间格局变化研究离不开不同时期土地利用类型数据作为基础。

目前已有众多地表覆盖产品可用于 LUCC 信息的识别提取，例如 NASA 和 USGS 发布的 500m 分辨率 MODIS 地表覆盖类型产品、Copernicus 对地观测计划发布的 100m 分辨率全球陆地服务产品、欧空局的 300m 分辨率全球地表覆盖产品、中国科学院国家尺度地表覆盖产品以及我国多家单位联合制作的 30m 分辨率 Global Land30 产品等（刘纪远等，2014；陈军等，2016）。张靓和曾辉（2015）利用 MODIS 地表覆盖产品和 IGBP 分类系统开展了 2001—2010 年内蒙古土地利用时空变化情况的研究。Giri 等（2005）对比分析了 GLC-2000 和 MODIS 地表覆盖类型产品在分类方法和 LUCC 空间分布方面的异同点，发现以上产品在热带稀疏草原和湿地分类方面具有较大差异。赖晨曦等（2019）对比分析了包括 MODIS 地表覆盖类型产品、GLC-2000、Clob Cover 在内的 5 套土地覆盖数据集在哈萨克斯坦草地分布中的差异，得出不同产品数据和分类体系在草地范围界定上具有明显不同。以上研究表明，地表覆盖产品虽然可以节省大量人力物力成本，但针对草地空间格局的研究，仍然存在概念不清、分类系统固定、局部分类精度低和时间分辨率不够灵活等不足。因此有不少学者利用统计理论和计算机模式识别技术，从自身研究目的出发开展了草地提取识别研究（Lu and Weng，2007）。例如 Toivonen 和 Luoto（2010）利用 Landsat 数据，采用最大似然分类器绘制了芬兰草原，其总体精度可达 89%。Hubert-Moy 等（2019）基于 RF 分类器，利用 MODIS-NDVI 时间序列产品绘制了包括草地在内的土地利用类型图，总体精度高达 90% 以上。邬亚娟等（2020）利用多时相 Landsat TM/OLI 影像和决策树方法对 1987—2017 年科尔沁沙地灌丛-草甸类型进行了识别提取，表明该方法在复杂下垫面不同土地类型的识别效果较好，分类精度可达 88% 以上。此外，Huang 等（2009）研究表明不同时相的植被观测数据对于区分草地与其他入侵植被类型具有显著作用。Baeza 和 Paruelo（2020）借助植被物候信息，基于 MODIS-NDVI 时间序列数据和决策树分类方法获取了 2000—2014 年南美 Rio de la Plata 草地空间格局变化信息。Xu 等（2018）研究表明不同植被生长季 NDVI 数据对提高植被类型间的可分离度具有显著效果。Nitze 等（2015）基于 16 天合成 MOD13Q1 数据和 RF 分类

器对 2001—2011 年爱尔兰中部草地空间格局进行了变化监测。李治等
（2013）通过构建 MODIS-NDVI 时间序列数据集，借助植被物候特征作为分
类辅助信息，采用 RF 分类器对河北省东南部地区进行了土地利用类型分类
研究，证明物候特征对总体分类精度具有显著作用。另外，也有学者采用
STARFM、ESTARFM、STDFA 等混合像元方法，将高频率低空间分辨率影
像和低频率高空间分辨率影响进行融合，从而获取高时空分辨率影像，已达
到小尺度土地类型分类目的（Gao et al.，2006；Zhu et al.，2010；Li et al.，
2020a）。可以看出，在长时间序列下进行草地空间格局变化监测，不仅要
依靠无云覆盖的高质量遥感影像，而且影像的预处理，如几何处理、辐射处
理等均需要统一的处理流程。近些年，随着地理空间云端数据处理平台的发
展，也有不少学者尝试利用云端平台开展草地提取研究（Mutanga and
Kumar，2019）。如 Parente 等（2017）基于 Google Earth Engine（GEE）平
台，采用 MODIS 影像分析了 2000—2016 年巴西全国尺度牧场空间动态变化
情况。Hu 等（2019）在 GEE 平台下，利用 Landsat 影像结合 RF 分类器，
分析了 2001—2017 年新疆土地利用类型变化与其驱动因素。修晓敏等
（2019）基于 GEE 平台与机器学习算法对安徽省草地进行了识别并对其生物
量进行了估算。以上研究表明 GEE 平台有助于海量数据的高效处理，利于
获取和分析大尺度草地斑块信息。

　　土地利用斑块的数量、类型、形状和空间分布构成了土地利用空间格局
（刘瑞和朱道林，2010；鞠洪润等，2020）。目前针对土地利用空间格局变
化研究，应用较为广泛的有转移矩阵、质心模型、土地利用动态度和景观指
数分析方法等（刘盛和和何书金，2002；王宏志等，2002；刘瑞和朱道林，
2010）。刘纪远和布和敖斯尔（2000）采用土地利用空间分析方法研究了我
国土地利用时空变化情况。王思远等（2001）通过数学建模，利用土地利
用动态度模型、土地利用程度模型等对我国土地利用时空特征进行了分析。
在景观尺度分析土地利用空间格局是土地利用变化研究的核心内容（何鹏
和张会儒，2009）。但值得注意的是，研究尺度、分类系统以及景观指标都
会影响景观分析结果（彭建等，2006）。彭建等（2006）选取 24 个常用景
观指数，探讨了景观指数和土地利用分类系统间的关系，并将以上指数划分
为 3 个大类。布仁仓等（2005）通过计算 39 种景观指数间的相关性，得出
景观指数之间影响因子的相同之处越多，它们之间的显著性概率越大。何鹏
和张会儒（2009）指出选取的景观指数间要有独立性，而且具有明确的生
态学意义。随着气候变化和人类活动强度的增加，草地沙化、盐渍化现象加

重、滥采滥垦行为增多，导致草地琐碎斑块增多，草地破碎化程度加重，因此从景观尺度研究草地空间格局变化可以较好地反映草地与外界驱动力间的关系（田育红和刘鸿雁，2003）。关于草地景观变化的研究，运用较多的景观指数有描述斑块数量和形状的指数，如斑块数量、斑块形状、斑块密度，描述景观整体分布特征的指数，如破碎度指数、均匀度指数等。例如李建平等（2006）选取景观破碎度指数和平均斑块分维数指数对1986—2000年松嫩草地空间格局变化情况进行了分析。吴波和慈龙骏（2001）选取包括斑块数量、平均斑块面积、斑块密度和景观形状指数在内的9种景观指数对毛乌素沙地40年的景观格局进行了动态分析。李景平等（2006）选取斑块形状指数、多样性指数、破碎度指数等5种景观指数对苏尼特右旗荒漠草原景观格局进行了分析。

综上所述，草地作为锡林郭勒主体地表覆盖类型，开展草地变化空间格局研究实际上就是对不同时期土地类型时空变化特征的识别分析。由于现有的地表覆盖产品不适用于锡林郭勒草地实际情况，因此如何快速、准确地提取不同时期土地利用类型数据是开展本研究的关键。综合目前国内外相关研究，除基础数据的选择外，分类算法、分类平台、分类特征等均是决定最终分类精度的关键。

1.2.4 草地生产力遥感监测研究

草地生产力监测是草地资源调查的重要内容（于海达等，2012）。草地生产力作为草地资源的数量特征，不仅可以反映草地群落的总体生长情况，还可以用于反映草地群落健康状况（石瑞香和唐华俊，2006；刘爱军等，2007）。植被生产力与其遥感光谱特性具有显著相关性（Li et al.，2010）。众多学者利用这一特性，针对不同地区，不同草地类型，建立了包括线性（Tucker et al.，1985；Prince，1990）、指数（Xu et al.，2007；Xu et al.，2010a）、逻辑回归（Moreau et al.，2003；Vescovo et al.，2008）、最优回归（Li et al.，2010；Yu et al.，2010）等多种生产力估算模型，从而实现大尺度草地生产力时空分布信息的获取。近些年，随着计算机技术的发展，基于诸如ANN、SVM、RF等机器学习算法建立的非参数回归模型同样被广泛用于草地生产力识别研究中（Ali et al.，2015）。例如Ali等（2014）利用MOD09Q1数据，构建了基于自适应模糊神经网络模型（Adaptive Neuro-fuzzy Inference System，ANFIS）的爱尔兰东北部草地生产力估算模型。Yang等（2012）通过交叉验证法，从植被指数和地形因子在内的13个变量中筛选出 5 个变量，构建了基于误差反向传播人工神经网络的三江源地区草地生产力估算模型。Xie 等（2009）利用多源遥感数据，基于 ANN 算法，构建了适用于内蒙古典型草原的草地估产模型，并发现基于 ANN 的草地生物量模拟精度要显著高于传统的多元回归线性模型。Zeng 等（2019）利用植被遥感观测数据、气象数据、地形数据结合地面样点，基于 RF 算法构建了青藏高原草地生产力模型，结果表明其精度可达 86%。冷若琳（2020）基于 BP ANN 构建了祁连山草地覆盖度估算非参数模型。李传华等（2020）基于 RF 和 RBF-ANN 估算了 2002—2018 年青藏高原多年冻土区草地长势，取得了较高的模拟精度。孟宝平（2018）利用位置、地形、气象、土壤和植被数据等，分别构建了基于 BP ANN、SVM、RF 算法的三种甘南地区高寒草地地上生物量估测模型。

草地生产力具有多种表达方式，其中草地净初级生产力（Net Primary Productivity，NPP）常被用于反映草地生产能力和载畜能力（任继周，2015）。NPP 是植被光合作用所同化的有机物质总量中扣除自养呼吸后的剩余部分（Yang et al.，2016）。NPP 不仅可以反映植被碳汇变化的程度，而且由于对外界干扰具有极强的敏感性，通过对 NPP 的长期观测，可以反映草地群落与驱动力间的耦合关系（Sun et al.，2017）。一直以来，在大尺度开展草地 NPP 时空动态监测是反映草地长势以及草地生态系统健康的重要手段之一。早期，主要依靠气候生产力模型来获取大尺度的植被 NPP 分布情况（Ruimy et al.，1994）。气候模型是根据 Liebig 最小因子定律，利用气象因子，如降水量、温度、蒸散发等与实测样点数据进行相关分析建立的经验模型（Lieth and Whittaker，1975；梁顺林等，2013）。在 IBP 计划期间（1963—1972 年），众多学者利用气候模型研究了不同尺度的植被 NPP 时空变化特征（Curtis，1978；Prince，1990）。常用的有 Miami 模型（Lieth and Whittaker，1975）、Thornthwaite 纪念模型（Lieth and Box，1972）、Chikugo 模型（Uchijima and Nunez，1985）等。朱志辉（1993）利用包括森林和草原类型的 751 组植被观测资料建立了"北京模型"，有效提高了气候模型在草原和荒漠地区植被的模拟精度。周广胜和张新时（1995）从植物的生理特点出发，根据能量平衡方程建立了适用于我国国情的气候模型，有效提高了我国自然植被 NPP 估算精度。何云玲和张一平（2006）通过检验几种常用气候模型在云南植被 NPP 的模拟效果，最终采用周广胜模型分析了 41 年间云南植被 NPP 的时空变化特征。孙成明等（2013）通过对比常用气候模型，发现周广胜模型在中国南方草地 NPP 模拟方面表现最佳。由于气候模型属于一种理论层面的经验模型，近些年常被用于反映草地在无人为干扰、理想状态下的潜在生产力状况。例如 Zhou 等（2017）、Liu 等（2019）、Chen 等（2019）、Zhang 等（2020）通过气候模型估算草地仅在气候驱动下的潜在 NPP，用于定量区分气候变化与人类活动对草地生产力的主导作用。

随着遥感可获取植被参数的增加，利用植被生态系统碳循环过程建立的光能利用率模型（Light-use Efficiency Model，LUE）逐渐成为植被 NPP 模拟的主要手段（Ruimy et al.，1994）。具代表性的有 GLO-PEN（Prince and Goward，1995）、CASA（Potter et al.，1993）、VPM（Xiao et al.，2005）模型等。LUE 模型以其逻辑清晰、驱动因子易于获取等优势受到国内外学者的广泛应用（梁顺林等，2013）。针对锡林郭勒草原，哈斯图亚等（2014）基于 CASA 模型和植被枯损模型分析了 2002—2009 年锡林郭勒草地 NPP 空间变化情况。Li 等（2015）利用 MODIS-NDVI 数据，基于 CASA 模型分析了 2000—2011 年锡林郭勒草地 NPP 时空分布。汤曾伟等（2018）基于 CASA 模型对 2006—2015 年锡林郭勒植被 NPP 进行了动态监测。Zhao 等（2019）利用 LUE 模型和一元线性方程分析了 2005—2014 年锡林郭勒草地 NPP 时空变化情况。由此可见 LUE 模型对于反映草地 NPP 时空变化规律具有较好的应用效果。此外，也有学者根据研究区实际情况，通过对原有模型参数进行修改，使其更符合我国植被生产力的估算。例如朱文泉等（2007）根据 LUE 模型的建模思路，将植被类型引入模型，分别计算不同植被类型的 NDVI、SR 最大值以及最大光能利用率，从而提高原有模型的估算精度。李刚等（2007）通过修改原有模型中的光能有效辐射（Photosynthetically Active Radiation，PAR）和植物吸收的光合有效辐射（Absorption of Photosynthetically Active Radiation，APAR）的算法，使 CASA 模型更符合内蒙古草地生产力的估算。杨勇等（2015）在原有 CASA 模型的基础上，通过改进最大光能利用率和水分胁迫系数的算法，使其更符合锡林郭勒草地 NPP 的估算。

综上所述，草地生产力是反映草地群落健康状况和表征草地资源数量特征的重要指标。草地生产力具有多种表达方式，其中草地净初级生产力常被用于反映草地生产能力的高低和草地承载能力。经过多年的发展，草地生产力遥感监测已形成了较为成熟的技术体系，然而合理选取基础数据和分析方法依然是草地生产力时空变化研究的关键。

1.2.5 草地资源变化驱动力研究

草地资源调查的目的在于通过获取草地资源现状，剖析导致草地资源变化的内因和外因，合理规划和利用草地资源（贾慎修，1980）。草地资源变化主要表现在草地数量、质量和空间结构的变化，而草地是一个复杂的生态系统，导致其变化的原因是复杂多样的。大量研究指出气候变化和人类活动是影响草地资源变化的两个主要驱动因素，但是如何定量评价这两个因素对草地的主导作用仍然存在难点。有学者认为人类活动，例如过度放牧、开垦开采是导致草地退化的主因（Akiyama and Kawamura，2007）。相反地，也有部分学者认为水热条件的变化是导致草地资源变化的主因，而人类活动在某种程度上会加速或缓解变化的过程（Zhou et al.，2014）。近年来有不少学者围绕这一问题，在不同尺度，不同时间范围内开展了大量研究，为定量分析草地变化驱动力提供了不同的研究视角。

在草地生产力变化方面，一批学者通过分析草地生产力与气候因子间的相关性，从而定量区分影响草地生产力变化的主导因素。例如穆少杰等（2013）通过分析2001—2010年内蒙古草地NPP与年均温度和年总降水量间的相关性，发现降水量是影响草地NPP的主要因素。Sun等（2017）通过计算NPP与气候因子间的偏相关系数，并分析2001—2012年锡林郭勒草地NPP变化驱动力，发现人类活动是导致草地退化的主导因素，而草地恢复则由气候变化和人类活动共同主导。马梅等（2017）通过计算1981—2013年锡林郭勒草地长势与气候因素间的相关性，并采用主成分分析法分析气候因子和人类活动对草地长势的影响作用，发现放牧与开垦是导致草地退化的主要因素，而夏季水热变化、能源开发是加剧了退化过程。以上研究方法虽然逻辑清晰、易于理解，但是无法解释人类活动对草地长势变化的影响。此外，也有学者侧重于利用回归模型建立驱动因素与草地长势间的统计关系，从而区分不同驱动因素间的重要性。例如Xie和Sha（2012）通过构建二元逻辑回归模型来定量分析不同因素对锡林河流域草地资源变化的驱动作用。Li等（2018）通过构建多元线性回归模型，定量分析了1981—2010年内蒙古荒漠草原沙源稳定与气候和人类活动间的关系。Ma等（2006）采用因子分析法对中国北方干旱地区土地沙化驱动力进行了研究。这类方法对于细化和解释驱动因子具有较好的效果，但是容易忽略草地长势变化的生态过程，而且研究尺度容易受到所选因子数据的影响（Xu et al.，2009；Chen et al.，2019）。近些年，也有学者基于残差理论，通过建立不同分析场景来定量区分气候变化和人类活动对草地长势的主导作用。由于该方法考虑到草地在不同驱动环境下的变化过程，被广泛应用于不同尺度的草地生产力变化驱动力的定量评价中。例如 Xu 等（2010b）针对内蒙古草地生产力变化驱动力开展了定量分析，Zhang 等（2020）选取蒙古高原草地开展了研究，Zhou 等（2017）、Liu 等（2019）针对中国草地生产力变化进行了分析。此外，Yang 等（2016）、Chen 等（2019）在更大的尺度草地生态系统开展了定量分析均取得了较好的分析结果。草地空间格局作为 LUCC 范畴，虽然在驱动力分析上采用 LUCC 分析方法，但是在分析内容和分析指标上应保证草地的主导地位。目前 LUCC 驱动力的研究主要以模型分析为主，经过长期发展，已形成多种类型的驱动力分析模型（韩超峰和陈仲新，2008）。蔺卿等（2005）按照驱动力分析模型的特点，将常用模型分为经验模型、基于过程的动态模型和综合模型三种。其中经验模型采用多元统计分析方法，分析每个因子对土地类型变化的贡献率，从而定量分析驱动因素。摆万奇等（2004）、徐广才等（2011）、Li 等（2020b）研究表明经验模型可以很好地简化 LUCC 与驱动力间的复杂非线性关系。基于过程的动态模型是在深刻认识 LUCC 驱动力的基础上，通过模拟系统中各组分间相互作用，从而模拟 LUCC 的过程，这类模型有元胞自动机模型（Cellular Automata，CA）和系统动力学模型等。在实际应用中，人们经常将过程模型与 GIS 结合使用，从而提高模型在复杂空间结构表达上的优势（刘新卫等，2004）。综合模型则是把不同模型整合起来用于分析 LUCC 驱动力的方法。相比传统的模型方法，由于综合模型整合了不同学科背景的模型，更有利于解决复杂问题，但同时也具有模型复杂化、不易于操作等缺点（蔺卿等，2005）。

1.3 研究内容、技术路线和创新点

1.3.1 研究内容

本研究利用多源遥感数据，结合地面调查资料，在长时间尺度对锡林郭勒草地类型、草地空间格局和草地生产力时空变化信息进行遥感快速识别，定量分析导致上述特征变化的外在驱动因素。具体如下。

1.3.1.1 基于面向对象和随机森林算法的锡林郭勒草地类型识别

（1）基于中国草地分类系统，根据锡林郭勒草地实际情况和遥感影像分类需求，以草地类型的面积和地域代表性作为主要参考，通过归并融合相似生境条件、相同建群种的草地类型，形成符合中等空间分辨率影像的锡林郭勒草地遥感分类系统。

（2）利用多源遥感数据结合地面调查资料，基于面向对象和随机森林算法，综合草地的光谱、纹理、位置和几何特征，分别针对三种主要地带性草地类型开展两期（1980—1990 年、2010—2020 年）遥感识别研究，获取不同草地类型遥感分类参数。

1.3.1.2　锡林郭勒草地类型时空变化识别与驱动力分析

（1）基于已建立的草地遥感分类系统和分类参数，利用多源遥感数据和地面调查资料，应用面向对象和随机森林分类方法，分别获取两期（1980—1990 年、2010—2020 年）锡林郭勒草地类型分布数据。

（2）针对过去 40 年锡林郭勒主要草地类型进行面积转移、景观结构和质心偏移分析。

（3）基于二元逻辑回归模型定量分析包括植被生境条件、人类活动和社会经济在内的潜在驱动因子对草地类型变化的驱动作用。

1.3.1.3　锡林郭勒草地变化空间格局识别与驱动力分析

（1）基于 GEE 平台和随机森林分类器在像元尺度对 1988 年、1998 年、2008 年和 2018 年四期锡林郭勒草地空间格局进行识别。

（2）针对不同时期的草地空间格局进行面积转移和景观结构分析。

（3）基于二元逻辑回归模型定量分析，包括植被生境条件、人类活动和社会经济在内的潜在驱动因子对草地空间格局时空变化的驱动作用。

1.3.1.4　锡林郭勒草地生产力时空变化识别与驱动力分析

（1）基于 CASA 模型获取 1982—2018 年锡林郭勒不同类型草地 NPP 时空分布数据。

（2）基于 Miami 模型，结合残差理论，通过建立分析场景定量分析导致草地 NPP 变化的主导驱动因子。

1.3.2　技术路线

如图 1-1 所示，本研究技术路线由研究内容、数据收集与处理、研究方法和结果分析四个部分组成。

第一步，研究内容。根据研究目的，本研究由草地类型时空变化识别与驱动力分析、草地变化空间格局识别与驱动力分析和草地生产力时空变化识别与驱动力分析内容组成。

第二步，数据收集与处理。针对研究内容，收集整理包括影像数据、样

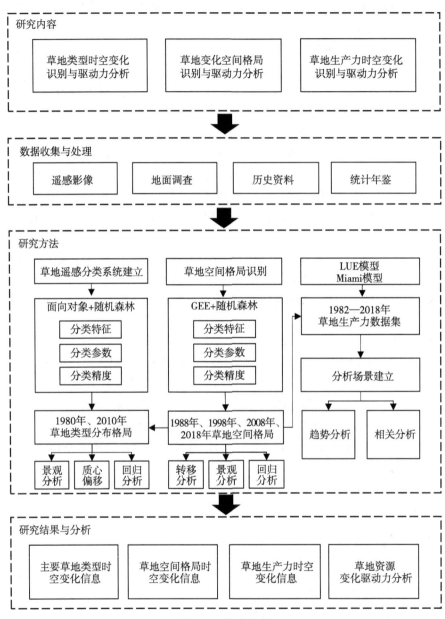

图1-1 技术路线

点数据、历史数据和统计资料在内的多种数据，并按照标准化处理流程，对基础数据进行包括裁剪、拼接、格式转化、坐标变换、重采样和样式统一等预处理操作，构建具有统一坐标和空间分辨率的地理空间数据集，形成具有统一格式的样点数据集和统计资料数据集。

第三步，研究方法。综合利用空间数据处理平台，采用包括影像分割算法、随机森林算法、参数模型在内的多种数据处理方法对基础数据进行再分析处理，获取锡林郭勒草地类型、草地空间格局与草地生产力时空数据集，并在此基础上，采用景观指数、转移矩阵、逻辑回归、趋势分析和质心偏移等方法进行草地资源时空变化信息的识别与驱动力分析。

第四步，结果分析。获取锡林郭勒主要草地类型时空变化特征、草地空间格局时空变化特征、草地生产力时空变化特征以及导致上述特征变化的驱动力信息，通过对比相关研究，综合研究区实际情况，对结果进行解释分析。

1.3.3 创新点

（1）如何在大尺度上快速识别不同草地类型斑块，一直是草地资源调查的重点和难点。本研究从分类系统入手，根据锡林郭勒草地实际情况和中等分辨率遥感影像分类需求，以草地类型的面积和地域代表性作为主要参考，通过归并相似生境条件、相同建群种的草地类型，建立了适用于大尺度草地遥感分类系统，并基于面向对象和随机森林分类方法，综合利用草地的光谱、纹理、几何以及空间位置等信息，实现了锡林郭勒草地类型遥感快速识别。

（2）在研究方法上，本研究克服传统影像分类方法的局限，综合采用云端和本地端空间数据处理平台，综合利用多种空间数据处理方法，实现了趋势分析和斑块尺度的草地资源变化信息的识别与提取。相比于以往研究，本研究从草地资源空间分布、草地类型和草地生产力三个层面定量分析了包括气候变化、人类活动和社会经济在内的多种外部因素对草地资源变化的驱动作用，较为全面地反映了草地与外部驱动力间的耦合机制，有利于深入了解锡林郭勒草地资源时空变化驱动因素。

2 研究区概况与数据预处理

2.1 研究区概况

2.1.1 地理分布

锡林郭勒盟位于内蒙古中东部（北纬 41°32′~46°41′，东经 111°59~120°00′），东西长约 700km，南部宽约 500km，总面积约为 20.3 万 km² （刘海江等，2015）。锡林郭勒盟北部与蒙古国接壤，边境线长度为 1 103km；东部与兴安盟、通辽市和赤峰市交接；南部与河北省毗邻；西部与乌兰察布市相邻。全盟由 13 个旗县市（区）组成，分别为锡林浩特市（XL）、二连浩特市（EL）、阿巴嘎旗（AQ）、东乌珠穆沁旗（EW）、西乌珠穆沁旗（WW）、苏尼特左旗（ES）、苏尼特右旗（WS）、正蓝旗（LQ）、正镶白旗（BQ）、镶黄旗（HQ）、太仆寺旗（TQ）、多伦县（DL）和乌拉盖管理区（WL）。全盟政治、经济和文化中心为锡林浩特市。

2.1.2 地形条件

锡林郭勒盟是以高平原为主体，兼有多种地貌单元组成的地区。海拔呈南北高，自西南向东北倾斜特点，平均海拔高度在 1 000m 以上，最高海拔高度达 1 900m，最低海拔为 700m（锡林郭勒盟草原工作站，1988；史娜娜等，2019）。锡林郭勒盟地貌单元较为复杂，按照分布特点可以分为大兴安岭西麓低山丘陵、乌拉盖盆地、西马格隆丘陵、阿巴嘎熔岩台地、乌珠穆沁波状高平原、苏尼特层状高平原、察哈尔低山丘陵、浑善达克以及嘎亥额勒苏沙地 9 个单元。

2.1.3 气候条件

锡林郭勒盟气候属温带半干旱大陆性气候，具有冬季寒冷、降水不均匀、风大等特点。年总降水量自东南向西北递减，大部分地区在 200~350mm，南部连接阴山余脉以及东部大兴安岭西麓达 400mm，苏尼特草原西北部不足 200mm，降水主要集中在 6—8 月，占全年总降水量的 70%；年平均温度自西向东递减，大部分地区在 0~3℃，1 月平均气温最低，达 -20℃，7 月最高，达 21℃。年均日照时数自西向东递减，西部平均为 3 200h，南部在 2 700~3 100h，中东部不足 3 000h，其他地区在 2 900~3 000h；年均太阳辐射由东向西递增，平均为 130~140kcal/（cm² · a）；年平均风速在 3.5~4m/s，年最大风速在 24~28m/s，全年大风日数在 50~80d，3—5 月为风期（锡林郭勒盟草原工作站，1988）。

2.1.4 水土条件

锡林郭勒盟地表水年径流量为 8.54 亿 m³，其中河流年径流量 7.2 亿 m³，大体属于三个水系，即滦河水系、乌拉盖河水系和白音河水系。全盟大小湖泊约 470 个，年径流量为 0.96 亿 m³，多以季节性湖泊为主，水量不稳定（锡林郭勒盟草原工作站，1988）。锡林郭勒盟地带性土壤主要有棕钙土、灰褐土、黑钙土、栗钙土、灰色森林土，局部地区形成风沙土，隐域性土壤主要有山地草甸土、灰色草甸土、草甸土、沼泽土及盐碱土。其中栗钙土为全盟的主体土壤类型，分布于低山丘陵、丘间盆地和高平原地区，此外由于地质及土壤母质的影响形成的风沙土广泛分布于浑善达克沙地及周边平原地区。

2.1.5 植被条件

锡林郭勒盟植被覆盖率较高，具有自西向东递增分布规律。草地是锡林郭勒盟主要地表覆盖类型，约占全盟面积的 90%（锡林郭勒盟草原工作站，1988）。根据中国草地分类系统和划分标准，锡林郭勒草地可以划分为温性草甸草原、温性典型草原、温性荒漠草原、温性草原化荒漠、温性荒漠、低地草甸、山地草甸和沼泽 8 个类型。锡林郭勒盟水热条件的地域性差异导致草地植被层片结构明显不同，在水平地带的分布上，可以分为三大亚型，即草甸草原亚型、典型草原亚型和荒漠草原亚型。草甸草原亚型的代表群系有贝加尔针茅（*Stipa baicalensis*）草原、羊草（*Leymus chinensis*）草原和线叶菊（*Filifolium sibiricum*）草原；典型草原亚型的代表群系有大针茅（*Stipa grandis*）草原、克氏针茅（*Stipa krylovii*）草原、羊草（*Leymus chinensis*）草原、糙隐子草（*Cleistogenes squarrosa*）草原、冰草（*Agropyron cristatum*）草原、冷蒿（*Artemisia frigida*）草原、百里香（*Thymus mongolicus*）草原和多根葱（*Allium polyrhizum*）草原；荒漠草原亚型的代表群系有小针茅（*Stipa klemenzii*）草原、戈壁针茅（*Stipa tianschanica*）草原、女蒿（*Ajania trifida*）草原（锡林郭勒盟草原工作站，1988）。

2.1.6 社会经济条件

自 20 世纪 80 年代以来，锡林郭勒盟人口呈平缓增加态势。截至 2018 年，全盟常住人口 105.78 万人，其中城镇人口 69.34 万人，乡村人口 36.14 万人，城镇化率达 65.74%。2018 年全盟国民生产总值 798.59 亿元，其中第一产业 123.16 亿元，第二产业 328.81 亿元，第三产业 351.62 亿元。从产业结构的变化来看，自 20 世纪 80 年代以来，锡林郭勒盟农业产值占比明显下降，工业产值和服务业产值占比则明显上升。2018 年全盟粮食作物播种面积 14.36 万 hm^2，其中小麦 3.01 万 hm^2，玉米 2.01 万 hm^2，莜麦 4.83 万 hm^2，马铃薯 4.32 万 hm^2。2018 年全盟牧业年度牲畜存栏数 1 297.71 万头，其中羊存栏 1 108.96 万头，牛存栏 160 万头，猪存栏 3.77 万头。2018 年全盟原煤产量 1.13 亿万 t，铁合金产量 31.47 万 t，锌产量 12.91 万 t，原油产量 83.20 万 t，铁矿石产量 129.81 万 t，纯碱产量 8.37 万 t（锡林郭勒盟统计局，2019）。

2.2 数据材料与预处理

2.2.1 数据处理平台

本研究使用本地端和云端两种数据处理方式进行地理空间数据的处理与分析。

（1）本地端数据处理平台。本地端空间数据处理平台有 ArcGIS、ENVI 和 eCognition。其中 ArcGIS 用于栅格、矢量和属性数据的组织计算和统计分析，ENVI 用于遥感影像的预处理和计算统计，eCognition 用于影像的面向对象分类。此外，草地生产力时间序列数据的分析、分类器参数调整、模型精度验证以及逻辑回归分析等在 R 语言平台下实现。

（2）GEE 云端数据处理平台。GEE 是一款集成多种卫星遥感影像，具有行星尺度分析能力的在线可视化空间数据计算分析处理平台（Mutanga and Kumar，2019）。GEE 以其海量数据源、多种集成算法、开源以及强大的云端数据处理能力，成为众多行业中处理海量空间数据的最佳解决方案。本研究植被长时间连续观测数据集的获取与预处理、气象连续观测数据集的获取与预处理、不同时相多光谱影像的获取与预处理、不同时期研究区土地利用类型的分类提取等均在 GEE 平台完成。

2.2.2 基础空间数据集

（1）NDVI 连续观测数据集。本研究采用 NOAA Climate Data Record（CDR）of AVHRR NDVI v5（Vermote et al.，2018）数据作为 LUE 模型基础驱动数据。NOAA CDR AVHRR NDVI v5 是由 NASA 戈达德太空飞行中心联合马里兰大学基于 AVHRR 传感器生产的气候观测记录数据集的最新版本（Franch et al.，2017）。相比以往版本，该版本对包括地表反射率、几何和时间等多个观测参数进行了改进。数据集由 8 个 NOAA 极轨道卫星（NOAA-7、NOAA-9、NOAA-11、NOAA-14、NOAA-16、NOAA-17、NOAA-18、NOAA-19）地表反射率观测值处理获得，空间分辨率为 $0.05° \times 0.05°$（Franch et al.，2017）。NOAA CDR AVHRR NDVI 是目前植被观测记录最长的遥感数据集之一，记录时长达 40 年（1981 年至今），是开展大尺度植被长势动态监测的最佳数据。本研究使用 GEE 平台对 1982—2018 年 AVHRR NDVI 日观测数据进行包括按月最大值合成、裁剪、投影和重采样等预处理操作，最终获得 444 期（12 个月×37 年）、5km×5km 空间分辨率的锡林郭勒植被 NDVI 连续观测数据集。

（2）Landsat 多光谱数据集。本研究采用 Landsat 多光谱数据作为提取和划分不同时期研究区土地利用类型和草地类型的基础数据。Landsat 是由 NASA 和美国地质调查局（USGS）合作开发的对地观测项目。自 1972 年第一颗地球资源技术卫星（ERTS-1）发射升空以来，1975 年、1978 年、1982 年、1984 年、1993 年、1999 年和 2013 年相继发射了 7 颗卫星，其中除 Landsat-6 发射失败外，其余卫星均传回数据（王树根，1998；初庆伟等，2013）。Landsat 多光谱传感器参数如表 2-1 所示。

表 2-1 Landsat 多光谱传感器参数

多光谱传感器名称	空间分辨率（m）	多光谱波段数	记录时间	重访周期（d）	备注
MSS	60	4	1972 年 7 月至 1992 年 11 月、2012 年 6 月至 2013 年 1 月	16~18	搭载于 Landsat 1 ~ Landsat 5，研究区观测记录不够连续

多光谱传感器名称	空间分辨率（m）	多光谱波段数	记录时间	重访周期（d）	备注
TM	30	7	1982 年 7 月至 2012 年 5 月	16	搭载于 Landsat 4、Landsat 5，研究区观测记录较为连贯
ETM	30	7	1999 年 4 月至今	16	搭载于 Landsat 7，由于 SLC 故障，导致 2003 年 5 月以后图像出现条带数据丢失，严重影响了 ETM 的正常使用
OLI	30	8	2013 年 2 月至今	16	搭载于 Landsat 8，研究区观测记录良好

考虑 Landsat 5 TM 具有长达 29 年（1984—2013 年）的地物连续观测记录，而且在研究区范围内有较为连贯的数据记录，本研究在草地空间格局变化研究中，以 Landsat 5 TM 多光谱数据为基础，提取 1988 年、1998 年、2008 年三期土地利用类型，以 Landsat 8 OLI 多光谱数据为基础，提取 2018 年土地利用类型，其中影像的筛选、拼接、裁剪和投影等预处理工作在 GEE 平台完成。由于 GEE 在影像分割、纹理分析等方面存在不足，容易受计算参数的限制（Tassi et al.，2020），本研究在草地类型识别提取中使用 eCognition 软件，基于面向对象的方法提取 1980—1990 年和 2010—2020 年两个时期草地类型。两期草地类型提取涉及 Landsat 影像共计 34 景（表 2-2），数据下载地址：https://earthexplorer. usgs. gov，成像时间为 7 月、8 月、9 月，研究区范围内云覆盖量控制在 5% 以内，并对所有下载数据进行辐射定标和大气校正，并进行包括影像拼接、裁剪、投影转化等预处理操作。

表 2-2　影像成像日期、云量信息

Landsat 5 TM			Landsat 8 OLI		
成像时间	条带号/行编号	云量（%）	成像时间	条带号/行编号	云量（%）
1986-08-06	122/28	0.06	2014-07-27	122/28	0.01
1986-08-06	122/29	0.00	2014-07-27	122/29	0.01
1986-08-22	123/28	0.00	2015-07-05	123/28	0.75
1986-08-22	123/29	2.51	2015-07-05	123/29	4.10
1987-07-15	124/28	2.93	2017-07-17	124/28	10.90

Landsat 5 TM			Landsat 8 OLI		
成像时间	条带号/行编号	云量（%）	成像时间	条带号/行编号	云量（%）
1987-07-31	124/29	0.09	2017-07-17	124/29	0.00
1987-07-31	124/30	0.31	2017-07-17	124/30	0.00
1987-07-31	124/31	0.03	2017-07-17	124/31	0.04
1989-08-12	125/28	0.00	2015-08-04	125/28	2.16
1989-08-12	125/29	0.00	2015-08-04	125/29	2.13
1987-09-08	125/30	7.71	2015-08-04	125/30	0.99
1987-09-08	125/31	8.77	2015-08-04	125/31	1.45
1989-08-03	126/29	0.00	2016-07-28	126/29	1.25
1989-08-03	126/30	0.00	2016-07-28	126/30	0.09
1989-08-03	126/31	0.06	2016-07-28	126/31	0.65
1986-08-02	127/29	1.00	2017-08-23	127/29	0.00
1986-08-02	127/30	0.00	2017-08-23	127/30	0.22

（3）DEM 数据。本研究采用 ASTER Global Digital Elevation Map（GDEM）v2 全球数字高程模型数据提取研究区海拔、坡度和坡向等地形地貌信息。ASTER GDEM 是由 NASA 和日本经济产业省联合发布的，具有 30m 空间分辨率的全球尺度数字高程模型数据。相比于原始版本，v2 使用了全新的 ASTER 数据，并通过 5Pixel×5Pixel 的像素窗口代替了原有的 9Pixel×9Pixel 的像素窗口，改善了原有空间分辨率。ASTER GDEMv2 数据在 95% 的置信水平，垂直精度可达 17m（Suwandana et al.，2012）。数据由 NASA 地理数据服务网（https：//search. earthdata. nasa. gov）下载获取。

（4）ERA5-Land 气象再分析资料。本研究所需气象因子数据由 ERA5-Land 气象再分析资料获取。ERA5-Land 是欧洲中期天气预报中心最新发布的全球尺度气象再分析数据集，可提供自 1950 年以后的连续气象记录，空间分辨率可达 9km×9km，数据内容涵盖常规气象记录的所有内容（Muñoz，2019）。本研究分别选取 1982—2018 年月平均温度、月总降水量和月太阳总辐射数据，并按照研究需求基于 GEE 平台对数据集进行了包括裁剪、投影、单位修正等预处理操作。为验证 ERA5-Land 数据在研究区范围内的模拟精度，本研究使用气象站点观测数据对 ERA5-Land 相应数据值进行了验证。

结果表明，ERA5-Land 年均温度和年总降水模拟值与实际观测值的显著相关（$P<0.05$），R^2 分别达 0.798 和 0.678 7，符合研究需求（图 2-1）。

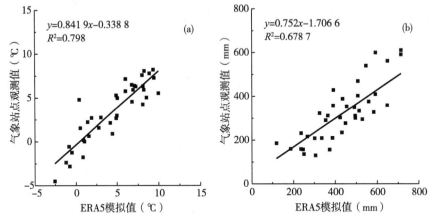

图 2-1　ERA5-Land 记录值与实际观测值相关性检验

（5）HWSD v1.1 土壤数据集。本研究所需土壤类型数据由 FAO 联合多家单位和组织构建的世界土壤数据库（Harmonized World Soil Database v1.1，HWSDv1.1）获取。HWSDv1.1 中国境内土壤数据来源于中国科学院南京土壤研究所提供的第二次全国土地调查 1:100 万土壤数据，数据下载地址：http://www.fao.org/soils-portal/data-hub。

2.2.3　地面样点数据集

地面样点数据集由实地调查数据和历史存档资料组成。实地调查工作分为样方尺度草地生产力监测和景观调查。样方调查开展于 2019 年 7 月和 8 月，样方大小 1m×1m，调查内容为草地植被地上生物量和地下部分（根系）生物量。样地分为主样地和辅助样地，共计 159 个。主样地布设于各草地类型中具有广泛代表性、地带性的草原群落中，尽可能反映该草地类型的长势特征，辅助样地则根据草原利用方式、强度、退化沙化程度等，对主样地进行补充设置。

草地植被实测净初级生产力的计算参考 Gill 等（2002）和杨勇等（2015）的研究，使用以下公式获取：

$$MNPP = ANPP + BNPP \tag{2-1}$$

$$BNPP = BGB \cdot LBGB \cdot turnover \tag{2-2}$$

$$turnover = 0.0009 \cdot ANPP + 0.25 \qquad (2-3)$$

式中，$MNPP$ 为实测净初级生产力；$ANPP$ 为地上净初级生产力，由样方获取；$BNPP$ 为地下净初级生产力；BGB 为植被地下根系生物量，由样方获取；$LBGB$ 为活根系生物量占总根系生物量的比例，本研究参照杨勇等 (2015) 研究结果取 0.79；$turnover$ 为草原植物根系周转值。由于净初级生产力的单位是干物质重量，因此在转化为碳单位 $[gC/(m^2 \cdot a)]$ 时乘了一个 0.45 的系数（方精云等，1996）。

景观尺度调查采用路线调查方式，以 GPS 结合拍照记录的方式记录研究区具有广泛代表性的草地景观类型。调查内容有经纬度坐标、地形（海拔和坡度）、土壤类型和景观类型。此外，为使得样点能够均匀分布于研究区各行政区划和景观类型，本研究还使用 Google Earth 软件，以人机交互的方式，通过扩充必要的样点以满足分类模型的训练和分类精度验证需求。历史存档资料有 20 世纪 80 年代锡林郭勒草地资源调查资料和成果资料。由于部分地区缺乏必要的样地记录，本研究通过矢量化草地资源调查成果图件，通过提取必要斑块的几何中心点信息来补充该地区样点记录。数据来源于中国农业科学院草原研究所、内蒙古自治区草原勘察规划院和锡林郭勒盟草原工作站。

2.2.4 统计资料

本研究涉及统计资料有历年（1980 年至今）锡林郭勒盟各旗县人口数量、国民生产总值、牲畜数量数据。数据来源于历年《锡林郭勒盟统计年鉴》《1981—1995 年锡林郭勒盟国民经济与社会发展统计资料汇编》和《1986—1990 年锡林郭勒盟国民经济与社会发展统计资料汇编》。统计资料数据除了用于描述性分析外，还以栅格、矢量等格式用于地理空间统计分析。此外，本研究还用到包括《锡林郭勒天然草场资源》《锡林郭勒盟苏尼特左旗天然草场资源》和《锡林郭勒盟正蓝旗天然草场资源》等统计资料作为锡林郭勒草地生产力、草地类型分类的重要参考依据。

3 基于面向对象和随机森林算法的草地类型识别

　　草地类型是指在一定时空范围内，具有相同自然属性和经济特征的草地单元（贾慎修，1980）。草地类型划分是草地资源调查工作的核心内容，是认识、保护和建设草地资源的理论依据（中华人民共和国农业部畜牧兽医局和全国畜牧兽医总站，1996）。目前使用遥感技术进行草地分类已成为大尺度快速获取草地类型的唯一手段。虽然近些年得到迅速发展的无人机高光谱成像技术可以实现草地的精细化分类，但是无论在人力和物力的投入方面，还是在草地群落宏观概括性方面，都不适用于大尺度草地分类需求。本研究认为基于中、高分辨率遥感影像的草地分类依然是草地遥感分类的主要技术手段，因此如何将传统草地分类系统与遥感影像相结合是实现草地遥感快速分类的关键。VHCS 和 CSCS 是我国草地分类工作中使用最为广泛的两套分类系统，虽然在分类原则和指标上存在差异，但是在分类顺序以及草地形成、发展理论方面具有共性，优势互补，结合使用两种分类方法来解决生产实践中的问题成为草地分类的新趋势（柳小妮等，2019）。此外，影像解译技术也是决定分类结果的关键。鉴于以上论述，本研究主要内容如下：一是基于中国草地分类系统，通过借鉴 CSCS 分类原则，根据锡林郭勒草地实际情况，形成符合中等空间分辨率影像的锡林郭勒草地遥感分类系统；二是利用多源遥感数据结合地面调查资料，基于面向对象和随机森林算法，综合草地的光谱、纹理、位置和几何特征，分别针对三种主要地带性草地类型开展两期（1980—1990年、2010—2020 年）遥感识别研究，获取不同草地类型遥感分类参数。

3.1 材料与方法

3.1.1 数据材料

　　本章用到的数据材料包括影像资料、样点数据和草地界线数据。影像资料有 Landsat 多光谱数据、ASTER GDEM v2、ERA5-Land 气象再分析资料和 HWSDv1.1 土壤数据集，数据预处理参见第 2 章。其中 Landsat 涉及 TM 和 OLI 两种多光谱数据，分别用于 20 世纪 80 年代和 21 世纪 10 年代两期草地分类，ASTER GDEMv2 用于地形因子的提取，ERA5-Land 气象再分析资料用于湿润度指数的计算，HWSDv1.1 土壤数据集则用于草地群落土壤类型的提取。样点数据由历史调查资料和景观调查数据组成，用于两期遥感分类模型的训练和精度验证。其中历史资料包括全国第一次草地资源普查基础数据和成果数据，主要用于 20 世纪 80 年代草地资源信息的识别。由于部分地区历史存档数据已缺失，本研究通过配准和矢量化研究区 1∶100 万比例草地资源调查成果图件，提取矢量斑块的几何中心点信息作为补充样点。景观调查内容参见第 2 章。

3.1.2 样地设计

锡林郭勒盟地域辽阔，水、热配置不均，再加上复杂的地形条件，造就了全盟草地植被的多样性（锡林郭勒盟草原工作站，1988）。根据中国草地分类系统和划分标准，锡林郭勒草地可以划分为温性草甸草原类、温性典型草原类、温性荒漠草原类、温性草原化荒漠类、温性荒漠类、低地草甸类、山地草甸类和沼泽类 8 个大类。其中温性草甸草原、温性典型草原和温性荒漠草原占全盟总面积的约 72%，是锡林郭勒草地的主体类型（锡林郭勒盟草原工作站，1988）。由于不同类型草地植被在生境条件、生活型和群落组分方面存在差异，因此仅靠一种分类参数，无法满足不同类型草地的分类需求。鉴于此，本研究针对锡林郭勒盟三种主要地带性草地类型，依据 Landsat 影像成像范围，分别选取行列号为 123/28、124/29、126/30 的三个成像场景作为分类样地，用于三种主要草地类型分类参数的获取。

以 WRS-123/28 作为草甸草原样地，标号样地I；以 WRS-124/29 作为典型草原样地，标号样地II；以 WRS-126/30 作为荒漠草原样地，标号样地III，三个样地所覆盖的行政区划和草地类型如表 3-1 所示。此外，本研究采用草地空间分布格局数据作为掩膜，减少其他地物类型对草地植被光谱的影响。

表 3-1 样地覆盖范围

样地号	行/带号	覆盖行政区	覆盖草地类型
I	123/28	东乌珠穆沁旗、西乌珠穆沁旗、乌拉盖开发区	温性草甸草原、温性典型草原

样地号	行/带号	覆盖行政区	覆盖草地类型
Ⅱ	124/29	东乌珠穆沁旗、西乌珠穆沁旗、锡林浩特市、阿巴嘎旗	温性典型草原、温性草甸草原
Ⅲ	126/30	苏尼特左旗、苏尼特右旗、二连浩特市	温性荒漠草原、温性典型草原

3.1.3 草地遥感分类系统

中国草地类型分类系统是在植被-生境学分类基础上，通过调查实践、补充、修改后形成的全国性草地类型分类标准（中华人民共和国农业部畜牧兽医局和全国畜牧兽医总站，1996）。草地型作为基本分类单元，与调查尺度密切相关，调查尺度小时，草地型的划分需要精细，以保证调查区域内草地植被的空间异质性，而当调查尺度大时，过于精细的分类标准会使得调查区域内的草地类型划分过于琐碎，失去宏观概括性（中华人民共和国农业部畜牧兽医局和全国畜牧兽医总站，1996）。因此在一定程度上草地型可以根据调查尺度的大小而进行归并调整，以符合调查需求。草地遥感分类中，调查尺度的大小除了与影像大小有关外，还与空间分辨率有关。为构建符合大尺度遥感快速识别的草地分类系统，本研究在中国草地类型分类系统基础上，根据锡林郭勒草地植被特征和遥感分类技术流程，对原有分类系统和分类原则做了如下调整。

（1）在一级类的分类中，仅考虑水热条件的空间异质性，忽略地面调查数据对一级类划分的影响。遥感地物分类要遵循一定的分类顺序，即"自上而下"或"自下而上"的顺序（陈全功和卫亚星，1994；苏大学等，2005）。虽然 VHCS 规定以气候因子作为一级类的划分准则，但在具体实践中依然考虑地面调查数据对一级类分类的影响。这样一来使得分类工作变得烦琐，二来打破了既定的"自上而下"的分类顺序，不符合遥感分类需求。

（2）在基础分类单元的划分上，按照相同建群种将锡林郭勒原有草地型进一步归并，从而建立适用于大尺度遥感识别的草地基础分类单元。草地型是 VHCS 的基础分类单元，然而在实际中，受调查尺度和调查范围的影响，会形成不同的草地型分类系统。在区域尺度上使用过于精细的草地型分类标准，难免会造成调查区域内的草地类型过于琐碎，降低宏观概括性，从而失去分类意义。因此针对研究尺度，选择或建立合适的分类系统是草地分类工作的关键。

（3）归并后形成的草地基本分类单元要具有宏观概括性，能够反映区域内草地群落的整体特征。锡林郭勒草地植被种类繁多，分布数量也不尽相同。本研究根据20世纪80年代锡林郭勒草地资源调查本底数据（参见附录一），选取研究区各草地类型中公认的建群种或优势种进行进一步归并。相较于原有分类系统，虽然在分类精度上略显粗糙，但在草地植被的生活型、生境条件的概括方面，归并形成的草地基本分类单元更具宏观概括性，在大尺度遥感分类中更具有辨识度。

作为识别草地一级类的重要指标，伊万诺夫湿润度指数计算公式如下：

$$K = \frac{R}{E_0} \tag{3-1}$$

式中，K 表示湿润度，当 $K > 1.00$ 时，植被水分条件以湿润为主，适宜形成草甸、草丛等植被类型；$1.00 < K < 0.30$ 时，植被水分条件以干旱、半干旱以及半湿润为主，适宜形成草原植被，包括草甸草原、典型草原和荒漠草原；$K < 0.13$ 时，植被水分条件极干旱，不适宜草地植被的生长（表3-2）。R 为降水量；E_0 为蒸散发量，均由 ERA5-Land 气象再分析资料获得。

表 3-2　草地植被水分条件划分标准

伊万诺夫湿润度	草地植被水分条件	草地植被类型
>1.00	湿润	草甸、草丛、灌木丛
0.60~1.00	半湿润	草甸草原
0.30~0.60	半干旱	典型草原
0.20~0.30	干旱	荒漠草原
0.13~0.20	强干旱	草原化荒漠
<0.13	极干旱	荒漠

本研究依据20世纪80年代锡林郭勒盟草地资源调查数据（参见附录一），以草地的面积和地域代表性作为主要参考，通过归并融合，形成由12个广泛代表性草地基本分类单元构成的、适用于中等空间分辨率影像的锡林郭勒草地遥感分类系统（表3-3）。其中草甸草原类由贝加尔针茅草原、羊草草原和线叶菊草原3个基本分类单元组成，典型草原类由针茅草原、羊草草原、糙隐子草草原和冷蒿草原4个基本分类单元组成，荒漠草原类由小针茅草原和灌丛化的小针茅草原2个基本分类单元组成。由于全盟境内除上述主要地带性草地外，还分布有沙地植被、荒漠植被、草甸、沼泽等隐域性植被类型，本研究选取广泛分布于盐化草甸中的芨芨草（*Achnatherum* splendens） 草 原、分 布 于 低 地 草 甸 和 沼 泽 类 中 的 芦 苇（*Phragmites communis*） 草原和分布于沙地草原中的锦鸡儿属灌丛草原作为隐域性草地类的基本分类单元。由于隐域性草地具有与地带性草地交错分布的特点，本研究通过汇总实地调查数据和隐域性植被的生长特性，在草甸草原类和典型草原类的分类中加入芨芨草草原、芦苇草原和沙地草原的识别，在荒漠草原类的分类中加入芨芨草草原的识别。

表 3-3 锡林郭勒草地遥感分类系统

草地类	编号	基本分类单元 （草原）	主要草地型	地形条件	土壤条件	其他特征
草甸草原	1-1	贝加尔针茅	贝加尔针茅+羊草 贝加尔针茅+杂类草 贝加尔针茅+线叶菊	丘陵坡地、台地；海拔在900~1 300m	暗栗钙土或淡黑土	分布于水分条件良好的地区；群落组成丰富，草产量高
	1-2	羊草	羊草+贝加尔针茅 羊草+杂类草 羊草+线叶菊	丘陵中、下地段或山谷地带	黑钙土、暗栗钙土、栗钙土和草甸土	分布于水分条件较好的湿润地区；草产量高
	1-3	线叶菊	线叶菊+贝加尔针茅 线叶菊+杂类草 线叶菊+羊草	低山丘陵顶部高海拔地区	黑钙土和暗栗钙土	分布于研究区温性草甸草原东部和南部边缘
典型草原	2-1	针茅（包括大针茅草原和克氏针茅草原）	大针茅+羊草 大针茅+糙隐子草 大针茅+冷蒿	不受地下水影响的波状高平原；海拔在1 100~1 200m	暗栗钙土和典型栗钙土	分布于研究区温性草原中部和东部；容易受放牧利用干扰
			克氏针茅+冷蒿 克氏针茅+糙隐子草 克氏针茅+羊草	开阔平缓的高平原和起伏小的丘陵坡地	栗钙土和淡栗钙土	分布于研究区温性草原西部和南部；地表基地常伴有小碎石
	2-2	羊草	羊草+大针茅 羊草+冷蒿 羊草+糙隐子草	丘陵坡地中下部	栗钙土	分布于地表流经或潜水补给处
	2-3	糙隐子草	糙隐子草+针茅 糙隐子草+冷蒿 糙隐子草+杂类草	河岸、湖畔附近	栗钙土和沙质土	过度放牧下的次生群落，生产力低
	2-4	冷蒿	冷蒿+针茅 冷蒿+羊草 冷蒿+糙隐子草 冷蒿+杂类草	广泛分布于平原、丘陵地区；海拔多在1 200~1 300m	暗栗钙土	过度放牧下的次生群落

（续表）

草地类	编号	基本分类单元（草原）	主要草地型	地形条件	土壤条件	其他特征
荒漠草原	3-1	小针茅（包括小针茅草原、戈壁针茅草原和短花针茅草原）	小针茅+无芒隐子草 小针茅+冷蒿 小针茅+杂类草 戈壁针茅+无芒隐子草 戈壁针茅+冷蒿 戈壁针茅+杂类草	丘陵下部和广阔的层状平原；海拔多在1 000~1 300m	沙壤质、壤质棕钙土	荒漠草原的主体类型，生产力较灌丛化的针茅草原较低
	3-2	灌丛化的针茅	锦鸡儿灌丛化小针茅			生产力高于小针茅草原
隐域性草原	4-1	芨芨草	芨芨草+羊草 芨芨草+盐爪爪 芨芨草+马蔺 芨芨草+碱蓬 芨芨草+多根葱	分布于河漫滩、干河谷、湖盆低地和丘陵洼地	冲积土	群落草产量高
	4-2	芦苇	芦苇+碱茅 芦苇+莎草	河湖周边和低湿地	沼泽土	群落草产量高
	4-3	沙地草原	小叶锦鸡儿灌丛 中间锦鸡儿灌丛 狭叶锦鸡儿灌丛 沙地中生灌丛	半固定沙丘	沙地土	随水热条件的不同，广泛分布于研究区大部

3.1.4 面向对象分类方法

本研究采用基于面向对象和随机森林算法进行草地基本分类单元的识别提取。面向对象分类方法是以相邻相似像素聚类组成的"影像对象"作为基础分类单元的分类方法（宋杨等，2012）。不同于传统基于单一像素的分类方法，影像对象所包含的信息不只限于地物的光谱特征，还包含地物的纹理特征、几何形状、位置信息和空间结构等，因此在进行地物识别时可以从多个维度综合进行地物特征的描述与判断（Lu and Weng，2007）。面向对象分类涉及两个重要步骤，即影像的分割和对象的分类。影像分割是将整个影像分割成若干个具有相似特征的、互不交互的空间区域（影像对象）的过程。分割得好坏直接关系到最终的分类效果，是面向对象分类技术的关键。本研究采用多尺度分割进行影像的分割。

多尺度分割是一种采用"自下而上"方式合并融合基础像元或对象的图像分割方法（张正健等，2014）。首先，从单个像元开始计算像元与相邻像元的异质性，若小于给定的阈值，进行合并，否则不进行合并，从而形成新的对象单元层。其次，在对象单元层重复以上步骤，直至达到用户指定的尺度上不能够再进行对象合并为止（宋杨等，2012）。本研究采用 eCognition 软件进行影像的多尺度分割。eCognition 通过设定分类对象的整体异质性和分类尺度来控制分割效果。

整体异质性计算公式如下：

$$h = h_{color} \cdot \omega_{color} + h_{shape} \cdot \omega_{shape} \tag{3-2}$$

式中，h 为对象的整体异质性，h_{color} 和 h_{shape} 分别为光谱异质性和形状异质性；ω 为对应的权重，两者权重之和等于 1。

光谱异质性计算公式如下：

$$h_{color} = \sum_{i=1}^{n} \omega_c \cdot \sigma_c \tag{3-3}$$

式中，h_{color} 为光谱异质性值；ω_c 为图层权重；σ_c 为标准差；c 为图层数。

形状异质性计算公式如下：

$$h_{shape} = h_{smoothness} \cdot \omega_{smoothness} + h_{compathess} \cdot \omega_{compathess} \tag{3-4}$$

式中，h_{shape} 为形状异质性值；$h_{smoothness}$ 和 $h_{compathess}$ 分别为平滑度和紧实度；ω 为对应的权重，两者权重之和等于 1，若 $\omega_{smoothness}$ 设置越高，分割后的对象边界越平滑，反之，$\omega_{compathess}$ 就会越高，分割后的对象较紧实，越接近矩形。

平滑度和紧实度计算公式如下：

$$h_{smoothness} = A_{merge} \cdot \frac{l_{merge}}{b_{merge}} - \left(A_{obj1} \cdot \frac{l_{obj1}}{b_{obj1}} + A_{obj2} \cdot \frac{l_{obj2}}{b_{obj2}} \right)$$

$$h_{compathess} = A_{merge} \cdot \frac{l_{merge}}{\sqrt{n_{merge}}} - \left(A_{obj1} \cdot \frac{l_{obj1}}{\sqrt{n_{obj1}}} + A_{obj2} \cdot \frac{l_{obj2}}{\sqrt{n_{obj2}}} \right) \tag{3-5}$$

式中，l 为实际边长；b 为对象的最短边长；A 为对象面积。

针对 Landsat 5 TM 和 Landsat 8 OLI 多光谱影像，通过反复调试不同分割参数下的影像分割效果，最终设置形状因子和紧实度因子权重分别为 0.1 和 0.5，分割尺度为 70，分割影像波段为多光谱+DEM+NDVI（图 3-1）。

3.1.5 随机森林分类器

随机森林是一个包含多个决策树的分类器，是通过集成学习的思想将多棵树集成的一种算法（Jin et al.，2018）。由于具有运算速度快，分类精度高，抗干扰性强等优势，近些年被广泛应用于遥感影像分类中。在随机森林

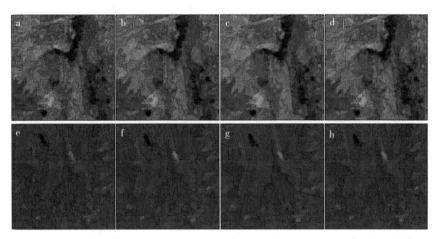

a. TM 多光谱，分割尺度：30；b. TM 多光谱，分割尺度：50；c. TM 多光谱，分割尺度：70；d. TM 多光谱＋DEM＋生物量，分割尺度：70；e. OLI 多光谱，分割尺度：30；f. OLI 多光谱，分割尺度：50；g. OLI 多光谱，分割尺度：70；h. OLI 多光谱＋DEM＋生物量，分割尺度：70。

图 3-1　不同数据组合和分割尺度下的影像分割效果

算法中有两个重要参数，即随机森林所包含的决策树个数（ntree）和指定节点中用于二叉树的变量个数（mtry）对于模型预测起到重要影响（Breiman，2001）。本研究使用 R 语言 Randomforest 函数来获取每一种特征组合下的最优参数。除此之外，重要特征的选择顺序也会影响算法精度，本研究采用 Mean Decrease Accuracy（平均下降精度）值来度量每个特征的重要度，从而确定特征的选择顺序。Mean Decrease Accuracy 表示某个特征变量在分类过程的重要程度，其值越高表示该特征重要度越高。

3.1.6　分类特征选择

分类特征是决定影像分类效果的关键。除地物光谱特征外，几何、纹理、空间位置和空间关系等均可用于分类模型的训练（陈云浩等，2006）。虽然不同草地类型在光谱上具有趋同性，但是依然可以借助植被生境信息、空间位置以及生活型特点提升草地类型间的分离度。本研究选取草地的光谱、方位、几何和纹理共 57 个指标作为草地分类特征（表 3-4）。

位置特征方面，选取影像对象的 X、Y 坐标最大值、最小值和中心值来描述不同类型草地的相对位置。几何特征是基于影像对象中基本像元的空间分布统计值来计算的，eCognition 软件使用协方差矩阵作为统计处理的核心工具。本研究选取面积、长度、长宽比、宽度、非对称性、紧实度和密度特征作为统计草地类型几何特征的指标。纹理特征是一种全局特征，是描述像元亮度的空间变化特性的指标。目前大多数研究采用灰度共生矩阵（GLCM）来描绘图像对象的纹理特征。GLCM 是一个关于场景中不同像素灰度组合出现的频率列表，在纹理计算前计算四个方向，即 0°、45°、90°、135°的总和已达到方向不变性要求。本研究只选择 GLCM 平均值和标准差来代表影像对象的纹理特征。

表 3-4　草地类型分类特征

特征类别	特征名称	特征数量（个）
光谱特征	平均值、标准差	22
位置特征	X 坐标最大值、X 坐标最小值、X 坐标中心值、Y 坐标最大值、Y 坐标最小值、Y 坐标中心值	6
几何特征	面积、长度、长宽比、宽度、非对称性、紧实度、密度	7
纹理特征	平均值、标准差	22

　　光谱特征是影像分类技术的基础特征。本研究选取均值和标准差来描述分割对象在不同波段中的光谱差异和离散程度。除多光谱波段外，本研究还选取草地地上生物量、海拔、坡度、伊万诺夫湿润度值和土壤类型。其中海拔、坡度、湿润度和土壤类型用于描述不同草地植被的生境条件。生物量特征则用于描述不同草地类型的生长差异，本研究利用 NDVI 和实测草地产量数据，通过构建拟合方程来获取不同草地类型地上生物量（表 3-5）。

表 3-5　不同草地类型地上生物量计算公式

时期	WRS	拟合方程	R^2
1980—1990 年	12 328	$y = 347.88x + 33.255$	0.624 8
	12 429	$y = 562.42 x^{1.652\,4}$	0.549 9
	12 630	$y = 142.99x - 9.767\,8$	0.630 3
2010—2020 年	12 328	$y = 205.34 \cdot \ln(x) + 353.3$	0.641 0
	12 429	$y = 393.22x - 37.318$	0.580 0
	12 630	$y = 595.84 x^2 - 76.956x + 8.840\,5$	0.678 1

3.1.7 分类精度评价

混淆矩阵作为一种定量评价图像分类精度的标准格式，以 $n×n$ 的矩阵形式表示被分类单元的分类精度（赵英时，2003）。本研究选取总体分类精度（Overall Accuracy，OA）、Kappa 系数、用户精度（User Accuracy，UA）和制图精度（Producer Accuracy，PA）4 个指标来评价不同样地草地类型分类精度。

总体精度表示正确分类像元数除以像元总数，其计算公式如下：

$$OA = \frac{\sum_i^r x_{ii}}{N} \times 100\% \qquad (3-6)$$

式中，OA 为总体分类精度，取值 0%~100%；r 为误差矩阵的行数；N 为像元数量；x_{ii} 为 i 行 i 列（主对角线）上的值，即被正确分类的像元数。

Kappa 系数计算公式如下：

$$K = \frac{N \cdot \sum_i^r x_{ii} - \sum (x_{i+} \cdot x_{+i})}{N^2 - \sum (x_{i+} \cdot x_{+i})} \qquad (3-7)$$

式中，K 为 Kappa 系数，取值 0~1，一般认为 $K>0.8$，表示分类结果非常好，$0.6<K<0.8$，表示分类结果较好，而 $K<0.4$，表示分类结果一般；x_{i+} 和 x_{+i} 分别为第 i 行之和与第 i 列之和。

用户精度表示在分类过程中某类像元被正确分类为该类的概率，其计算公式如下：

$$UA = \frac{x_{ii}}{x_{i+}} \times 100\% \qquad (3-8)$$

式中，UA 为用户精度，取值 0%~100%；x_{ii}、x_{i+} 如上所述。

制图精度表示在验证过程中某类像元被正确分类为该类的概率，其计算公式如下：

$$PA = \frac{x_{jj}}{x_{j+}} \times 100\% \qquad (3-9)$$

式中，PA 为制图精度，取值 0%~100%；x_{jj} 为误差矩阵中第 j 行、j 列值；x_{j+} 为第 j 列之和。

3.2 结果与分析

3.2.1 基于湿润度指数的草地类型识别

基于湿润度指数提取的两期锡林郭勒草地类具有明显的空间分布特征。草甸草原分布于乌珠穆沁草原东部，锡林浩特南部以及多伦县大部，气候以湿润和半湿润为主。典型草原分布面积广，是构成锡林郭勒草地的主体，从乌珠穆沁草原中西部直至苏尼特草原东部，占据锡林郭勒温性草原带大部，湿润度在 0.3~0.6，气候以半干旱为主。荒漠草原主要分布于苏尼特草原中西部，热量条件较好，但是降水短缺导致湿润度低，气候以干旱为主。从两期分类结果来看，三种地带性草地类的分界线除局部地区有微小变化外，整体上无明显变化。其中草甸草原面积（包括草地和非草地）由 20 世纪 80 年代的 4.14 万 km^2 增加至 21 世纪 10 年代的 4.21 万 km^2，增加 0.07 万 km^2，主要体现在多伦县中东部和蓝旗南部区域的扩张。典型草原面积由 20 世纪 80 年代的 11.90 万 km^2 减少至 21 世纪 10 年代的 11.61 万 km^2，减少 0.29 万 km^2，荒漠草原面积则由 20 世纪 80 年代的 3.95 万 km^2 增加至 21 世纪 10 年代的 4.16 万 km^2，增加 0.21 万 km^2，具有向东扩张的趋势。

3.2.2 基于面向对象和随机森林算法的主要草地类型识别

（1）分类参数获取。针对随机森林分类器，本研究采用循环遍历的方法测试了不同 ntree 和 mtry 条件下的袋外（Out of Bag, OOB）误差值，即分类误差。OOB 误差值是反映分类误差的重要指标，其值越高，表明分类误差越高，反之表明分类误差越低，分类效果越好（Tian et al., 2016）。如图 3-2 所示，随着 ntree 的增加，OOB 分类误差值随之下降，当 ntree＞500 时，不同 mtry 条件下的分类误差均趋于稳定，达到最低值。mtry 取值 1、3、5、7、10、15 和 20 时，OOB 分类误差表现出明显不同。在荒漠草原样地，即 WRS-126/30 场景下，基于 Landsat 8 OLI 数据的分类过程中 OOB 误差在 mtry 取值 7 和 10 时达到最低值，基于 Landsat 5 TM 数据的分类过程中 OOB 误差在 mtry 取值 7 时，达到最低值。在典型草原样地，即 WRS-124/29 场景下，基于 Landsat 8 OLI 数据的分类过程中 OOB 误差在 mtry 取值 10 时达到最低值，基于 Landsat 5 TM 数据的分类过程中 OOB 误差在 mtry 取值 7~20 时无明显差异，均可达到最低值。在草甸草原样地，即 WRS-123/28 场景下，基于两种传感器数据的分类过程中 OOB 误差在 mtry 取值 5~20 时均可达到较低值。根据以往研究（Breiman，2001），mtry 取值分类特征个数的平方根时 OOB 误差会达到理想值，即在本研究中建议取值 7 或 8，这基本符合本研究结果。结果显示基于不同数据源的分类过程中 mtry 取值均有所不同，但当 mtry 取值 7~10 时，OOB 误差均可达到最低值（图 3-2）。

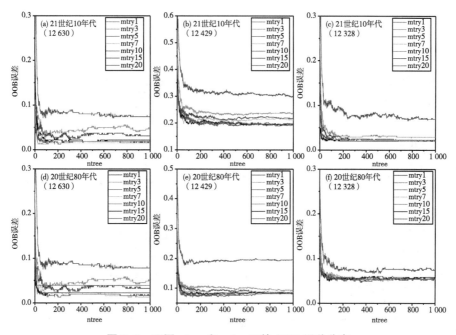

图 3-2 不同 ntree 和 mtry 下的 OOB 误差分布

特征重要度方面，三种草地类型的分类过程中各分类特征重要度排序均有所不同，而且重要度差异较明显。总体上，前 30 个重要特征中，地物光谱特征占比最大，其次为位置特征和纹理特征。荒漠草原类型分类中，草地生物量光谱特征重要度显著高于其他特征，说明小针茅草原和灌丛化的针茅草原在生物量方面差异较大，可以借助生物量的差异特征来提高这两种草地单元的识别精度。典型草原类型分类中，除生物量和海拔高度光谱特征外，位置特征在区分不同草地类型上起到重要作用，表明典型草原各草地基本单元在空间位置上具有明显差异，可以借助位置特征来提高典型草原类型的识别精度。草甸草原类型分类中，海拔高度光谱特征重要度最高，由此可以表明贝加尔针茅草原、羊草草原和线叶菊草原在地形分布上具有差异，可以借助海拔、坡度等地形条件提高上述草地单元的识别精度（图3-3）。

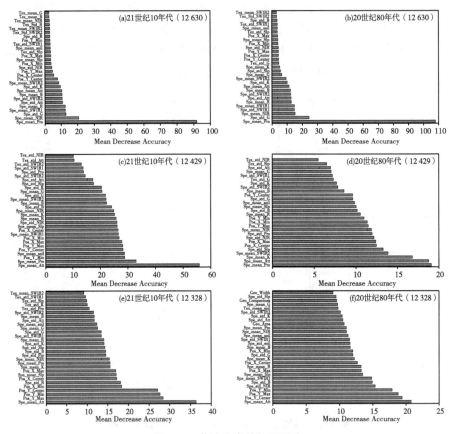

图3-3　草地分类特征重要度

（2）分类精度评价。总体上6个分类样地的平均总体分类精度可达84%以上，平均Kappa系数达0.819 4。在各草地分类单元的识别中除WRS-123/28中的芨芨草草原、WRS-124/29中的糙隐子草原和冷蒿草原、WRS-126/30中芨芨草草原外，其余草地基本单元的分类精度均达80%以上。草甸草原样地两期分类总体精度分别达87.76%和88.96%，Kappa系数达0.870 9和0.871 2，其中三种地带性草地单元分类精度达81%以上，隐域性草地单元中除芨芨草草原外，其余草地单元分类精度达89%以上。典型草原样地两期分类精度分别达85.59%和75.81%，Kappa系数为0.813 2和0.713 1，其中地带性草地单元中，除冷蒿草原和糙隐子草草原，其余草地单元分类精度达80%。荒漠草原样地两期分类精度分别达83.52%

和 85.70%，Kappa 系数为 0.805 3 和 0.822 6，地带性草地单元分类精度达 85% 以上，芨芨草草原分类精度分别为 79.12% 和 75.00%（表 3-6）。

表 3-6 样地草地分类精度

行列号	草地类型编号	20 世纪 80 年代			21 世纪 10 年代		
		PA（%）	OA（%）	Kappa	PA（%）	OA（%）	Kappa
123/28	1-1	84.74			87.25		
	1-2	81.67			86.32		
	1-3	90.00	87.76	0.870 9	87.11	88.96	0.871 2
	4-1	72.50			75.23		
	4-2	89.56			90.15		
	4-3	90.42			92.13		
124/29	2-1	80.54			94.74		
	2-2	83.33			73.81		
	2-3	78.89			71.25		
	2-4	69.67	85.59	0.813 2	69.00	75.81	0.713 1
	4-1	97.44			78.26		
	4-2	95.00			76.67		
	4-3	96.67			89.47		
126/30	3-1	86.00			87.22		
	3-2	85.95			87.96		
	4-1	79.12	83.52	0.805 3	75.00	85.70	0.822 6
	4-2	—			—		
	4-3	—			—		

（3）草地基本单元分类结果。各样地草地类型识别结果基本符合研究区实际情况。荒漠草原样地覆盖范围为苏尼特右旗中东部和二连浩特市大部，根据 20 世纪 80 年代锡林郭勒草地资源调查资料，本区草地建群种由旱生丛生小禾草组成，并混有大量强旱生小半灌木、葱属植物与荒漠植物，并在基质粗粝、沙质化地区、旱生灌木（锦鸡儿属）极易形成优势层片，组成灌丛化的针茅草原（锡林郭勒盟草原工作站，1988）。从本研究分类结果可以明显看出，本区域针茅草原和锦鸡儿灌丛化针茅群落具有交错分布特点，符合实际草地群落空间分布特征。典型草原样地覆盖范围为锡林浩特市

大部、阿巴嘎旗东南部、浑善达克沙地北段和乌珠穆沁草原西部，属于锡林郭勒典型草原中东部区域。根据锡林郭勒草地资源调查资料，本区气候为半干旱气候，草地建群种由旱生或广旱生植物组成，大针茅、克氏针茅、羊草、糙隐子草和冷蒿属于本区域最为常见、分布最为广泛的建群种，此外还有冰草、薹草（Carex L.）、早熟禾（Poa annua）、百里香、多根葱等地带性草种以亚优势种或伴生种成分出现（锡林郭勒盟草原工作站，1988）。从本研究两期分类结果可以看出，除芨芨草草原、芦苇草原和沙地草原等隐域性草地外，地带性草地群落分布也基本符合实际调查结果，并且糙隐子草和冷蒿等次生群落在两期分布差异显著，说明本区草地群落结构发生了明显变化。草甸草原样地覆盖范围为乌珠穆沁草原东部。根据20世纪80年代草地资源调查资料，本区属于草原向森林过渡地段，气候以湿润为主，建群种以中旱生多年生草本植物为主，并常伴有大量中生或旱中生杂类草，贝加尔针茅、羊草和线叶菊是本区典型的建群种，并在土壤条件、水分条件和地形分布方面具有明显差异（锡林郭勒盟草原工作站，1988）。同样可以从两期分类结果中看出，分类结果基本符合研究区实际情况，各草地群落分布符合以上草地群落分布特点。

3.3 讨论

草地类型是草地资源实体的高度抽象与概括（胡自治，1994）。草地类型划分作为草地资源调查工作的基础，根据不同的分类需求和分类指标，可以产生多种分类方案。随着遥感技术的发展，在宏观尺度快速获取草地类型空间特征已成为草地资源调查的主要形式。因此草地分类标准和分类技术间的兼容性成为开展草地遥感分类工作的关键。虽然近些年得到快速发展的高光谱遥感技术可以实现样方尺度的草地资源快查（周磊等，2009），但是无论在人力物力的投入上，还是在技术层面上都无法满足大尺度草地分类需求。此外，有学者认为在大范围采用精细化分类标准，会使得调查区域内的类型划分过于琐碎，失去宏观概括性（中华人民共和国农业部畜牧兽医局和全国畜牧兽医总站，1996）。因此基于中等空间分辨率影像的草地分类仍然是区域尺度开展草地遥感快查的主要技术手段。本研究认为从分类系统和分类标准入手，构建符合现有技术手段的分类体系是实现宏观尺度草地遥感分类的关键。刘富渊和李增元（1991）指出草地资源遥感分类系统，既要考虑遥感技术应用特点，又要确保与现有的调查分类原则和系统尽可能保持一致。VHCS 和 CSCS 是我国草地资源调查中普遍使用的两套分类系统。随着草地资源调查方式的发展以及管理部门对草地资源信息的快速获取需求，需要通过对 VHCS 和 CSCS 的分类原则和分类系统稍作修改，才能使其符合现有遥感分类技术流程。首先，VHCS 在分类系统方面没有既定的分类尺度，导致在小尺度调查中分类系统略显粗糙，而在大尺度调查中又过于精细，很难与遥感像元建立对应关系。这使得近年开展的几次草地资源遥感快查并没有实现植被层面的调查，仅仅在类和亚类层面进行了分类（苏大学等，2005；李纯斌，2012）。其次，虽然 VHCS 认为气候因素是决定草地形成和发展的决定因素，但是在一级类的划定上依然参考地面调查数据，使得 VHCS 难以与遥感分类流程结合。任继周（2008）指出，各分类级别的划分应采用明确的指标加以确限，并且强调按照既定的顺序进行划分。CSCS 是基于草地发生与发展理论，以气候、土地、植被综合顺序进行划分的草地分类系统。本研究认为 CSCS 相比于 VHCS，在各级的分类中有着明确的分类指标，而且不存在指标"越级"现象，使得 CSCS 更符合遥感分类技术流程。然而，目前有关 CSCS 的分类研究大多在大尺度开展，很少涉及植被层面的分类，缺乏地面样点的验证（梁天刚等，2011；李纯斌，2012）。柳小妮等（2019）认为 VHCS 和 CSCS 在分类顺序和分类指标方面存在一定兼容性，通过优势互补可以进一步解决草地分类中存在的问题。

本研究基于中国草地分类系统，通过参考 CSCS，对原有分类原则进行适当修改，构建了适用于中等空间分辨率影像的锡林郭勒草地遥感分类系统。在草地类的分类上，仅使用气候指标，忽略地面调查数据的影响。任继周等（1980）认为草地的形成与发育受气候、地形、土壤和植被综合影响。许鹏（1985）认为气候是决定草地形成和发育的决定因素，是高级分类单位的主要依据。显然，这种分类方法更符合宏观尺度草地类的快速确定，而且目前的遥感技术可以实现水热分界线的识别与绘图。本研究根据伊万诺夫湿润度与草地植被分类标准，将锡林郭勒草地分为草甸草原气候区、典型草原气候区和荒漠草原气候区，并参照 CSCS 中的气候顶级理论，分别在每个气候区内进行草地类型的划分。草地类型是 VHCS 的基本分类单元，是表征植被分布状况的重要指标（贾慎修，1980）。中国草地分类系统中定义草地类型是在组的范围内，具有相同优势种、生境条件和利用方式的草地（苏大学，1996a；苏大学，1996b）。不同于类（亚类），草地类型的划分要依靠大量实地调查数据。然而在实际中，受调查尺度、调查精度以及调查人员自身技术水平的限制，很难形成一套成熟的草地型划分标准（中华人民共和国农业部畜牧兽医局和全国畜牧兽医总站，1996）。本研究认为要想实现草地遥感快速分类，草地基本分类单元不仅要具有明确的尺度概念（不小于调查影像的像元大小），而且要具有代表性和宏观描述性。由于采用 30m 空间分辨率的 Landsat 影像和面向对象的分类方法，本研究根据锡林郭勒草地资源分布情况，通过归并相似生境条件、相同建群种的草地型，建立了适用于大尺度草地遥感分类系统。任继周（2008）指出分类和聚类是草地类型学的基本原则，聚类可以使类别间差异最大化，类别内差异最小化，而且保持了类别间的发生学关系。归并（聚类）后的分类单元相比原有分类系统，虽然精度上略显粗糙，但是仍然具有其生态学意义，通过分析不同草原单元的变化仍然可以反映植被群落尺度的变化规律。此外，归并（聚类）后的草地基本单元差异更加显著，有利于草地遥感的宏观识别。实际上，早期的遥感人工目视解译就是一种利用专家先验知识的分类方式。解译人员针对分类要求，通过实地调查，总结不同草地类型的生境和长势特征以及上下文信息，从而实现草地类型的上图工作。此外，在解译过程中，由于没有既定的分类尺度限制，因此解译人员通过观察影像信息灵活地进行图斑的分类和聚类。基于面向对象分类和机器学习算法的草地分类就是人工目视解译的模拟过程。机器学习算法对于挖掘植被类型的潜在特征具有强大优势，更能够区分不同植被类型间的差异。结果显示，在没有过多专家知识参与下，两期草地类型平均分类精度达 84%以上，部分样地分类精度接近90%，完全满足大尺度草地遥感快速分类需求。

3.4 本章小结

本研究基于中国草地分类系统，根据锡林郭勒草地实际情况和遥感影像分类需求，以草地类型的面积和地域代表性作为主要参考，通过归并融合相似生境条件、相同建群种的草地类型，形成了适用于中等空间分辨率影像的大尺度草地遥感分类系统。在此基础上，采用面向对象和随机森林分类器分别针对三种主要地带性草地类型开展了两期（1980—1990 年、2010—2020年）遥感快速识别研究，得到如下结论。

（1）采用面向对象和随机森林算法的两期草地类型分类平均精度达84%，表明建立的锡林郭勒草地遥感分类系统符合大尺度草地遥感快速识别的需求。

（2）分类特征重要度方面，光谱特征在区分不同草地类型中具有显著作用，其重要度最高，其次为位置特征。在荒漠草原类型识别中，草地生物量光谱特征重要度显著高于其他特征；典型草原类型识别中，生物量和海拔高度光谱特征重要度最高；草甸草原类型分类中，海拔高度光谱特征重要度最高。

4 锡林郭勒草地类型时空变化识别与驱动力分析

自 20 世纪 80 年代以来，受气候变化和人类活动等多重因素影响，锡林郭勒草地资源发生了明显变化（巴图娜存等，2012）。虽然在全国第一次草地资源调查之后，开展过几次全国性草地资源遥感快查，获取了我国草地时空格局信息，然而并没有实现植被层面草地类型的识别提取（苏大学等，2005）。研究草地类型的时空变化特征对反映草地与气候变化、人类活动等外界因素间的耦合关系具有更深层面的意义。本研究采用第 3 章中制定的草地遥感分类原则、分类系统和分类参数，基于面向对象和随机森林算法识别提取 20 世纪 80 年代、21 世纪 10 年代两期锡林郭勒主要草地分类单元的时空变化特征，定量分析导致草地类型变化的主导驱动力。

4.1 材料与方法

4.1.1 数据材料

本章用到的数据材料包括影像资料、样点数据和草地界线数据。影像数据有 Landsat 多光谱数据、ASTER GDEM v2、ERA5-Land 气象再分析资料和 HWSD v1.1 土壤数据集。其中 Landsat 影像涉及 TM 和 OLI 两种传感器，共计 34 景，成像时间与云覆盖量参见第 2 章，各影像覆盖的草地类型如表 4-1 所示。ASTER GDEM v2 用于地形因子的提取，ERA5-Land 气象再分析资料用于湿润度指数的计算，HWSD v1.1 土壤数据集则用于草地群落土壤类型的提取，数据处理参见第 2 章。样点数据的采集与处理同第 3 章。

表 4-1 影像覆盖范围

草地类型	覆盖影像
草甸草原类型	122/28、122/29、123/28、123/29、124/28、124/29、124/30、124/31

草地类型	覆盖影像
典型草原类型	124/28、124/29、124/30、124/31、125/28、125/29、125/30、125/31、126/29、126/30、126/31
荒漠草原类型	126/29、126/30、126/31、127/29、127/30

4.1.2 潜在驱动力因子

本研究选取自然环境、人类活动和社会经济3个大类共9个因子作为草地类型变化的潜在驱动力因子（表4-2）。其中自然环境指标包括降水量、温度、海拔和坡度，用于描述草地的生境条件。人类活动指标包括人口数量变化和牲畜头数变化，用于表示直接影响草地类型变化的人为因素，而社会经济指标，即不同产业类型总值的年均增长率，用于表示间接影响草地类型变化的人为因素。

表4-2 草地类型变化潜在驱动力因子

因子类型	编号	因子名称	描述	单位
自然环境指标	A1	降水量	年均降水量	mm
	A2	温度	年均温度	℃
	A3	海拔	海拔	m
	A4	坡度	坡度（0~60）	°
人类活动指标	A5	人口数量变化	年均人口变化率	%
	A6	牲畜数量变化	年均牲畜数量变化率	%
社会经济指标	A7	第一产业生产总值变化	第一产业生产总值年均增长率	%
	A8	第二产业生产总值变化	第二产业生产总值年均增长率	%
	A9	第三产业生产总值变化	第三产业生产总值年均增长率	%

4.1.3 质心偏移

在空间分析中，斑块类型的质心偏移量可以用于反映景观空间变化规律与变化趋势（贾明明，2014）。在一定时间内，如果某一景观类型在各方向上同等扩张或缩小，则其景观质心保持不变；如呈现不均匀变化，则景观质心就会产生偏移。质心位置可以用于描述某一类型斑块在空间上的分布状况，而质心移动的距离可以反映出变化后的斑块类型与原来分布状况的差异程度。考虑到草地类型斑块面积均不同，本研究采用加权平均中心来计算各草地类型的质心偏移量，其计算公式如下。

$$X_k = \frac{\sum_{i=1}^{n} (A_{ki} \cdot x_{ki})}{\sum_{i=1}^{n} A_{ki}} \qquad (4-1)$$

$$Y_k = \frac{\sum_{i=1}^{n} (A_{ki} \cdot y_{ki})}{\sum_{i=1}^{n} A_{ki}} \qquad (4-2)$$

式中，X 和 Y 分别为草地类型 k 的质心经度和纬度坐标；A_i 为草地类型 k 的第 i 个斑块面积；x_{ki} 和 y_{ki} 分别为草地类型 k 的第 i 个斑块的经度和纬度坐标。

4.1.4 景观指数

景观指数是用于描述景观格局动态变化与生态演化过程的重要指标（邬建国，2007）。本研究在类型尺度选取斑块面积比例（Percentage of Landscape，PLAND）、斑块数量（Number of Patches，NP）和斑块密度（Patch Density，PD）来分析不同草地类型的景观破碎化程度，为了减少琐碎斑块对分析结果的影响，本研究只分析单位面积大于 300m×300m 的图斑景观指数。

PLAND 表示某一类型占景观总面积的比例，其计算公式（郭晋平和周志翔，2007）如下。

$$P_i = \frac{\sum_{j=1}^{n} a_{ij}}{A} \times 100\% \qquad (4-3)$$

式中，P_i 为 i 景观类型面积占比，取值 0%~100%，其值越小表明该类型景观面积越小，反之类型景观面积越大；a_{ij} 为第 i 景观类型第 j 个斑块的面积；A 为景观总面积。

NP 表示某种景观类型的斑块总数，其计算公式（郭晋平和周志翔，2007）如下。

$$NP = n_i \tag{4-4}$$

式中，n_i 为第 i 类型的斑块数量，其值越高，表示破碎度越高，反之表示破碎度越低。

PD 表示某种斑块在景观中的密度，其计算公式（郭晋平和周志翔，2007）如下。

$$PD = \frac{n_i}{A} \tag{4-5}$$

式中，PD 取值范围为 0~1，其值越高，表明景观破碎度越高，反之表示破碎度越低；A 为景观面积。

4.1.5　逻辑回归模型

本研究采用二元逻辑回归模型对选取的草地类型变化驱动力因子进行分析。逻辑回归是一种常用于分析二元因变量的非线性分类统计方法（姜广辉等，2007），其计算公式如下。

$$\mathrm{Logit}(P) = \ln\left(\frac{P}{1-P}\right) = \alpha + \sum_{i=1}^{n}\beta_i X_i \tag{4-6}$$

式中，P 为某一土地类型变化的概率；X_i 为草地空间格局变化驱动力；β_i 为回归系数。

4.2　结果与分析

4.2.1　草地类型空间分布

识别提取的两期（20 世纪 80 年代、21 世纪 10 年代）锡林郭勒草地类型（基本分类单元）在空间上具有明显的地带性分布规律，符合研究区水、热配置条件和实地调研情况。在空间分布上，针茅草原分布广泛，由东部草甸草原类贝加尔针茅草原到典型草原类大针茅和克氏针茅草原，再到西部荒漠草原类以小针茅或戈壁针茅建群的针茅草原，是锡林郭勒草地最为主要的草地类型。其次为羊草草原，主要分布于东部草甸草原水分条件良好的丘陵和平原地区、典型草原中地表流经良好的丘陵坡地、坡麓、宽谷和河滩地区。线叶菊是草甸草原的代表性群落，其分布具有明显的地带性规律，主要分布于乌珠穆沁草原东部靠近大兴安岭西麓地区，占据高海拔或丘陵顶端。糙隐子草在典型草原区常常分布于放牧压强较大且水分较好的地区，本研究提取的糙隐子草草原主要分布于河岸、湖畔等水分条件良好，且放牧强度较大的地区，表明符合糙隐子草生境特征。冷蒿在过度放牧压强下很容易大面积生长，从而代替原有优生群落。本研究提取的冷蒿草原广泛分布于典型草原中南部地区，尤其在近十年冷蒿草原分布尤为广泛，表明原有草地群落在外界干扰下由冷蒿群落代替。在荒漠草原区，除小针茅草原，灌丛化的针茅草原广泛分布于低山丘陵地区。隐域性草原类型中，芨芨草草原成片分布于草甸草原和典型草原盐渍低地、干河床和干湖盆边缘，符合其生境特点。芦苇沼泽主要分布于草甸草原东部河流沿岸。沙地草原是全盟分布最为广泛的隐域性草原，主要分布于浑善达克沙地、西乌珠穆沁旗嘎亥额勒苏沙地和东乌珠穆沁旗境内。

草甸草原类型分布方面，贝加尔针茅草原面积占比最大，主要分布于乌珠穆沁草原东部、锡林浩特市东南部和正蓝旗东南部排水条件良好的丘陵坡地地带。20 世纪 80 年代和 21 世纪 10 年代两期贝加尔针茅草原识别面积分别为 1.37 万 km^2 和 1.59 万 km^2，占草甸草原面积的 41.26% 和 46.62%，其中东乌珠穆沁旗境内分布最广，占贝加尔针茅草原总面积的 41.55% 和 37.52%。羊草草原主要分布于乌珠穆沁草原东部，两期提取面积分别为 0.96 万 km^2 和 0.55 万 km^2，占草甸草原面积的 28.91% 和 16.12%，同样东乌珠穆沁旗境内分布最广，分别占羊草草原面积的 38.82% 和 51.43%，其次为西乌珠穆沁境内，占羊草草原面积的 35.45% 和 25.33%。线叶菊草原主要分布于乌珠穆沁草原东南部靠近大兴安岭西麓地区，两期提取面积分别为 0.24 万 km^2 和 0.31 万 km^2，是草甸草原分布最小的草地单元，主要分布于西乌珠穆沁旗东南丘陵地区，分别占两期线叶菊草原总面积的 62.67% 和 51.00%。

典型草原类型分布方面，以大针茅或克氏针茅建群的针茅草原面积最大，其中大针茅草原主要分布于乌珠穆沁草原中西部、锡林浩特市东北部、阿巴嘎旗东北部不受地下水影响的广阔平原地区，而克氏针茅草原分布于典型草原西部水分条件较低区域，与荒漠草原区小针茅草原交错分布。20 世纪 80 年代和 21 世纪 10 年代两期针茅草原提取面积分别为 6.09 万 km^2 和 5.35 万 km^2，分别占两期典型草原面积的 56.96% 和 49.53%，其中阿巴嘎旗境内分布广泛，分别达 1.95 万 km^2 和 1.83 万 km^2。羊草草原主要分布于乌珠穆沁草原中西部、锡林浩特东部以及阿巴嘎旗北部具有地表流经或潜水补给的丘陵坡地、坡麓和宽谷地区，两期提取面积分别为 1.85 万 km^2 和 1.18 万 km^2，分别占典型草原面积的 17.30% 和 10.92%，其中东乌珠穆沁旗羊草面积分布最广，分别达 0.56 万 km^2 和 0.44 万 km^2。糙隐子草草原分布于乌珠穆沁草原中西部放牧压强较大的草原地区，多出现河流湖畔等水分条件好的沙质壤土上，两期识别面积分别为 0.35 万 km^2 和 0.63 万 km^2，其中东乌珠穆沁旗境内糙隐子草草原分布广泛，面积分别达 0.18 万 km^2 和 0.25 万 km^2。冷蒿作为牲畜过度啃食、践踏后发育形成的次生演替草原，全盟境内冷蒿草原分布广泛，两期识别面积分别为 0.72 万 km^2 和 2.21 万 km^2，表明过去 40 年，受外界驱动原有以针茅、羊草建群的草地群落被冷蒿所代替。

荒漠草原类型分布方面，以小针茅、戈壁针茅、沙生针茅和短花针茅建群的针茅草原是荒漠草原的主要草原类型。针茅草原主要分布于苏尼特草原中部广阔的层状平原地区，20 世纪 80 年代和 21 世纪 10 年代两期识别面积分别为 2.11 万 km^2 和 2.20 万 km^2，分别占两期荒漠草原面积的 57.97% 和 57.44%。此外由旱生小半灌木为优势层片的灌丛化针茅草原同样是锡林郭勒荒漠草原的主要景观，两期灌丛化的针茅草原在分布差异较大，在 20 世纪 80 年代主要分布于苏尼特草原东北部丘陵地区，面积 1.23 万 km^2，在 21 世纪 10 年代主要分布于苏尼特草原北部以及南部丘陵地区，面积 1.48 万 km^2，表明受气候条件和人为因素影响，荒漠草原草地类型空间分布发生了明显变化。

受隐域性气候条件影响，锡林郭勒盟芨芨草草原、芦苇草原和沙地草原具有明显的空间分布特征。芨芨草盐化草原广泛分布于东乌珠穆沁旗、锡林浩特市境内河流漫滩、干河谷、干湖盆以及丘陵洼地地区。由于属大型密丛旱生禾草，芨芨草在生物量和地理分布上具有鲜明的特点，与其他类型草原相比，具有较高的遥感识别度。本研究提取的 20 世纪 80 年代、21 世纪 10 年代两期芨芨草草原面积分别为 1.22 万 km^2 和 0.88 万 km^2，分别占两期隐域性草地总面积的 45.08% 和 34.78%，其中与草甸草原类型交错分布的两期芨芨草草原面积为 0.34 万 km^2 和 0.22 万 km^2，与典型草原类型交错分布的面积为 0.58 万 km^2 和 0.51 万 km^2，与荒漠草原类型交错分布的面积为 0.30 万 km^2 和 0.14 万 km^2。芦苇草原主要分布于草甸草原东部河湖水漫地带，两期芦苇草原识别面积分别为 0.05 万 km^2 和 0.37 万 km^2，占隐域性草地面积的比例最小。以锦鸡儿灌丛作为优势层片的沙地草原主要分布于锡林郭勒南部浑善达克沙地、乌珠穆沁草原中部，两期沙地草原分布差异较小，面积分别为 1.44 万 km^2 和 1.28 万 km^2，占隐域性草地面积的 53.16% 和 50.59%。

4.2.2 草地类型空间变化分析

通过比较两期草地类型分类结果，过去 40 年锡林郭勒各草地类型面积和空间分布情况均发生了不同程度的变化。贝加尔针茅草原面积增加 0.22

万 km²，其中转出面积 0.61 万 km²，主要分布于多伦县和东乌珠穆沁旗，转入面积 0.83 万 km²，主要分布于西乌珠穆沁旗和正蓝旗。草甸草原类型羊草草原面积减少 0.41 万 km²，其中转出面积 0.81 万 km²，主要分布于西乌珠穆沁旗和乌拉盖草原，转入面积 0.39 万 km²，主要分布于东乌珠穆沁旗。线叶菊草原面积增加 0.07 万 km²，其中转出面积 0.19 万 km²，主要分布于西乌珠穆沁旗东南部，转入面积 0.26 万 km²，主要分布于东乌珠穆沁旗东北部和西乌珠穆沁旗东南部。在空间移动方面，过去 40 年线叶菊草原平均中心移动最大，向东北偏移了近 90 km，贝加尔针茅向东北偏移近 35km，羊草草原则向西南偏移，但偏移幅度不大，表明线叶菊草原分布较为零散，容易受到外界因素影响，其景观结构容易发生改变。

过去 40 年典型草原类型针茅草原面积减少近 0.74 万 km²，其中转出面积 2.46 万 km²，主要分布于东乌珠穆沁旗和南部半农半牧旗县，转入面积 1.72 万 km²，主要分布于东乌珠穆沁旗、锡林浩特市和阿巴嘎旗。典型草原类型羊草草原面积减少 0.67 万 km²，其中转出面积 1.23 万 km²，主要分布于乌珠穆沁草原、锡林浩特市和苏尼特右旗东南部地区，转入面积 0.56 万 km²，主要分布于东乌珠穆沁旗、阿巴嘎旗北部和太仆寺旗。糙隐子草草原面积增加 0.28 万 km²，其中转出面积 0.28 万 km²，主要分布于锡林浩特市，转入面积 0.56 万 km²，主要分布于乌珠穆沁草原和阿巴嘎旗北部地区。冷蒿草原面积增加 1.49 万 km²，其中转入面积达 2.05 万 km²，主要分布于东乌珠穆沁旗、锡林浩特市和南部半农半牧旗县，转出面积 0.56 万 km²，主要分布于阿巴嘎旗北部、正蓝旗南部和太仆寺旗，表明过去 40 年受气候变化和过度放牧利用影响，以针茅、羊草建群的原生草地群落被冷蒿建群草地群落所代替。从空间偏移来看，过去 40 年冷蒿草原平均中心偏移最大，向东北偏移了近 100km，表明受乌珠穆沁草原、锡林浩特市北部地区气候条件的变化以及放牧压强的增加，这些区域冷蒿草原面积显著增加，使得冷蒿草原空间位置发生明显偏移，此外针茅草原和糙隐子草草原分别向西南和向西偏移，但偏移幅度均不大。

过去 40 年荒漠草原类型小针茅草原面积增加 0.09 万 km²，其中转出面积为 0.75 万 km²，主要分布于苏尼特左旗西北部，转入面积 0.85 万 km²，主要分布于苏尼特草原东部。灌丛化的针茅草原面积增加 0.25 万 km²，其中转出面积 0.52 万 km²，主要分布于苏尼特草原中西部地区，转入面积为 0.77 万 km²，主要分布于苏尼特草原西北部地区。从空间偏移来看，过去 40 年小针茅草原平均中心向东偏移了近 40km，而灌丛化的针茅草原平均中心向西偏移30 km。

在隐域性草地变化中，过去40年芨芨草草原面积减少0.34万km²，其中转出面积0.97万km²，转入面积0.63万km²，主要分布于东乌珠穆沁旗、锡林浩特市和苏尼特草原大部地区。芦苇沼泽面积增加0.32万km²，其中转出面积仅0.04万km²，而转入面积达0.37万km²，主要分布于乌珠穆沁草原东部灌木林区。沙地草原面积减少0.16万km²，其中转出面积为近1.00万km²，主要分布于浑善达克沙地、西乌珠穆沁旗沙地和东乌珠穆沁旗沙地，转入面积0.84万km²，主要分布于南部半农半牧旗县草原。从空间偏移来看，过去40年芦苇沼泽平均中心向东南偏移了近80km，而沙地草原平均中心向东南偏移，但偏移幅度不大。

4.2.3 草地类型景观指数分析

如表4-3所示，过去40年锡林郭勒草地各草地类型景观指数均发生了明显变化。首先，草地类型面积占比方面，由大针茅或克氏针茅建群的针茅草原依然是锡林郭勒草地的主要类型，两期PLAND分别为34.62%和29.70%，而PLAND变化方面，冷蒿草原增加8.17%，增幅最大，其次为糙隐子草草原，增加1.49%，表明以冷蒿或糙隐子草建群的草地面积扩张明显，与此同时，羊草草原PLAND下降6.27%，降幅最大，表明受外界影响，羊草草原面积减少明显。草地类型斑块数量和斑块密度变化方面，各草地类型NP和PD均显著增加，表明过去40年锡林郭勒草地琐碎斑块增多，各草地类型破碎化程度增加。综合来看，典型草原类针茅草原、羊草草原在PLAND下降的情况下，NP和PD均有增加，表明以上草地受外界干扰，景观破碎化严重。

表4-3 两期锡林郭勒草地类型景观指数

草地类型		1980—1990年			2010—2020年		
		PLAND（%）	NP	PD	PLAND（%）	NP	PD
草甸草原	1-1	7.76	921	0.005 2	8.90	2 63 5	0.014 6
	1-2	5.47	1 499	0.008 5	3.07	3 65 1	0.020 2
	1-3	1.35	1 109	0.006 3	1.70	3 79 6	0.021 0
典型草原	2-1	34.62	3 883	0.022 0	29.70	4 11 3	0.022 8
	2-2	10.49	3 605	0.020 4	6.62	4 91 2	0.027 2
	2-3	2.00	1 030	0.005 8	3.49	4 64 6	0.025 7
	2-4	4.08	2 467	0.014 0	12.25	5 62 0	0.031 1

（续表）

草地类型		1980—1990 年			2010—2020 年		
		PLAND（%）	NP	PD	PLAND（%）	NP	PD
荒漠草原	3-1	11.94	938	0.005 3	12.21	1 172	0.006 5
	3-2	6.98	690	0.003 9	8.21	1 328	0.007 4
隐域性草地	4-1	6.90	8 497	0.048 1	4.84	10 466	0.058 0
	4-2	0.28	618	0.003 5	2.07	6 151	0.034 1
	4-3	8.06	5 578	0.031 6	6.88	11 496	0.063 7

4.2.4 草地类型变化驱动力分析

二元逻辑回归分析结果表明，过去 40 年驱动锡林郭勒不同草地类型变化的驱动力因子均有所不同。逻辑回归统计结果中，Wald 统计量表示各驱动因子对因变量的累计贡献作用，优势比（Odds Ratio，OR）表示自变量对因变量的影响强度，本研究认为 OR＞1 时，自变量因子促进草地变化，即 OR 值越高，越容易导致草地变化，OR＜1 时，因子有利于保持草地现状。

如表 4-4 所示，驱动草甸草原类型变化的驱动因素有降水量、人口数量变化、牲畜头数变化、第一产业生产总值变化、第二产业生产总值变化和第三产业生产总值变化 6 个因子，其中除第二产业生产总值和第三产业总值外，其余因子对草甸草原类型的变化具有正向作用。从优势比可以看出，在其余因子保持不变的情况下，第一产业生产总值变化对促进草地类型变化贡献最大，其次为牲畜头数变化，说明人类活动，尤其是过度放牧利用是导致草甸草原类型变化的主要驱动力。

表 4-4　锡林郭勒草甸草原变化驱动力分析结果

草地类型	驱动因子	回归系数	Wald 统计量	优势比（OR）	P 值
草甸草原	A1	0.006	7.996	1.006	0.004
	A5	0.001	3.637	1.001	0.005
	A6	0.091	5.654	1.095	0.017
	A7	0.179	6.285	1.196	0.012
	A8	−0.031	6.138	0.97	0.013
	A9	−0.070	4.569	0.932	0.032

如表 4-5 所示，过去 40 年驱动典型草原类型变化的驱动力有降水量、

温度、海拔、牲畜数量变化和第一产业生产总值变化，从优势比可以看出，在其余因子保持不变的情况下，牲畜数量变化对促进草地类型变化作用最强，说明在典型草原区，过度放牧依然是导致草地类型变化的主要因素（表4-5）。

表4-5　锡林郭勒典型草原变化驱动力分析结果

草地类型	驱动因子	回归系数	Wald 统计量	优势比（OR）	P 值
	A1	0.113	249.176	1.119	<0.001
	A2	0.165	14.635	1.179	0.001
典型草原	A3	0.001	20.697	1.001	0.01
	A6	0.189	191.442	1.208	<0.001
	A7	0.116	61.025	1.123	0.054

如表4-6所示，过去40年驱动荒漠草原类型变化的驱动力有降水量、海拔、人口数量变化和牲畜数量变化，其中除人口数量变化外，其余因子对草地类型变化具有促进作用。从优势比可以看出，降水量对促进草地类型变化作用最强，表明荒漠草原草地群落对水分条件的响应较强，降水量变化会影响荒漠草原植被的分布变化。

表4-6　锡林郭勒荒漠草原变化驱动力分析结果

草地类型	驱动因子	回归系数	Wald 统计量	优势比（OR）	P 值
	A1	0.109	29.057	1.115	<0.001
	A3	0.105	45.148	1.110	<0.001
荒漠草原	A5	-0.001	13.602	0.999	<0.001
	A6	0.051	27.747	1.052	<0.001

如表4-7所示，过去40年驱动整个锡林郭勒草地类型变化的驱动因素有降水量、人口数量变化、牲畜数量变化、第一产业生产总值变化、第二产业生产总值变化和第三产业生产总值变化。回归系数显示，除第二产业生产总值和第三产业总值外，其余因子对草地类型变化具有促进作用。从优势比可以看出，降水量和牲畜数量变化对驱动整个锡林郭勒草地类型变化具有显著作用，OR值分别达4.943和2.504，表明降水量和放牧强度是影响锡林郭勒草地类型变化的主要因素。

表 4-7　锡林郭勒草地类型变化驱动力分析结果

草地类型	驱动因子	回归系数	Wald 统计量	优势比（OR）	P 值
	A1	1.598	122.107	4.943	<0.001
	A5	0.009	27.868	1.009	<0.001
全部类型	A6	0.918	91.748	2.504	<0.001
	A7	0.134	146.954	1.144	<0.001
	A8	−0.018	28.214	0.982	<0.001
	A9	−0.014	26.422	0.986	<0.001

4.3　讨论

本研究通过归并相似生境条件、相同建群种的草地型，将锡林郭勒盟草原植被归并至 12 个主要的草地分类单元。虽然归并融合后的草地类型略有粗糙，但是可以满足大尺度草地遥感快速分类需求，符合现有条件下及时获取草地资源现状的要求。从两期锡林郭勒主要草地类型的提取结果来看，各草地单元的地理空间分布符合不同草地类型对水热配置条件的需求，符合先验专家知识，与全国第一次草地资源调查成果基本保持一致，表明分类模型充分汲取了各草地类型的生境条件和生长特征，做出了符合现实的判断。植被群落的空间格局变化是系统稳定性的标志，从格局的变化中可以探讨植被群落的演替特征以及群落与外界因素的耦合关系（Dale，1999）。赵登亮等（2010）研究证明植物群落斑块结构与种群格局的变化可以作为草地演替特征的标识来反映生态演替的机制。结果显示，过去 40 年锡林郭勒各草地类型在面积和空间分布上均发生了不同程度的变化。一些原生群落，如以羊草、大针茅或克氏针茅建群的针茅草原群落面积减少，而具有"偏途顶级"性质的冷蒿建群草原和放牧演替次生类型糙隐子草草原面积显著增加，表明受外界压强影响，草地群落结构发生了不同程度的变化，草地生态系统发生了退化演替。草地类型的空间偏移不仅可以反映某一种草地类型在各区域的面积变化情况，而且可以判断其生态稳定性。刘桂香（2004）研究发现锡林郭勒草原地带性分布界限在 1960—2000 年，总体向东发生了偏移。本研究结果显示 20 世纪 80 年代以来，锡林郭勒草地一些重要的地带性草地类型，如贝加尔针茅草原、线叶菊草原、羊草草原同样发生了向东偏移，表明锡林郭勒地带性草地类型在长时间尺度下具有向东偏移的趋势。

　　根据以往研究，气候变化和人类活动是导致草地群落结构变化的主导驱动因素。本研究通过分析表征气候变化和人类活动在内的潜在驱动因子得出，降水量与牲畜数量变化对各类型草地的驱动作用最强。牲畜数量直接反映了放牧强度，结果显示放牧对草甸草原和典型草原的影响要高于降水量。放牧作为人类利用草地资源的主要方式，无序的放牧会抑制群落中的优势种生长，在牲畜不断践踏和外力作用下，原有土壤结构很容易发生变化，导致抗寒性强、耐啃食和耐践踏的牧草生长良好，而原有建群种由于生境条件的变化，逐渐被次生种代替（韩建国，1982）。羊草和大针茅草原作为内蒙古典型草原的地带性草地类型，具有优良的牧草资源和生产能力（中国科学院内蒙古宁夏综合考察队，1985）。王炜和刘钟龄（1996）研究发现草原退化演替阶段与放牧压强大小具有一定的对应关系，并认为典型草原类以羊草和大针茅建群的草原在连续多年的过度放牧利用下容易演变为以冷蒿或糙隐子草为优势种的草地群落。张玉娟（2015）研究表明在典型草原退化演替过程中，冷蒿群落中羊草和针茅植株的生长受到限制，植株高度受到抑制，群落草地生产力显著降低。此外，李政海和裴浩（1994）认为草原演替过程中，层片结构会有交替变化规律，通过控制放牧压强，冷蒿等优势层片逐渐会被羊草等根茎禾草和大针茅等丛生禾草取代。由此可见冷蒿草原的大面积出现可以作为判断过度放牧利用的指示指标。结果显示过去40年锡林郭勒羊草草原、针茅草原面积显著减少，取而代之的是冷蒿草原和糙隐子草草原面积的显著增加，由此可以判断过去40年锡林郭勒过度放牧现象严重，长期过度利用已导致大面积的原生草地群落被次生群落代替，草地生态系统发生了退化演替，因此科学制定草场载畜量、严格控制牲畜数量，严禁过度放牧行为是防止草地生态进一步退化的关键。

4.4　本章小结

　　本研究利用多源遥感数据结合地面调查资料，采用面向对象和随机森林算法识别提取两期（1980—1990年、2010—2020年）锡林郭勒主要草地分类单元的时空变化特征，定量分析导致草地类型变化的主导驱动力，得到如下结论。

　　（1）以大针茅或克氏针茅建群的典型草原类针茅草原是锡林郭勒草地的主体草地单元，两期（1980—1990年、2010—2020年）面积分别占草地总面积的34.62%和29.70%，其次为小针茅草原，两期面积分别占草地总面积的 11.94% 和 12.21%。面积变化方面，过去 40 年冷蒿草原面积大幅增加，增加量达 1.49 万 km²，其次糙隐子草草原面积增加了 0.28 万 km²，与此同时，羊草草原面积大幅减少，减少量达 1.08 万 km²，其次典型草原类针茅草原面积减少了 0.74 万 km²。

（2）景观指数方面，各草地类型斑块数量（NP）和斑块密度（PD）显著增加，表明草地琐碎斑块增多，各类型草地破碎化程度增加。尤其典型草原类针茅草原、羊草草原在斑块面积占比下降的情况下，NP 和 PD 显著增加，表明受外界干扰，草地破碎化严重。

（3）空间偏移方面，过去 40 年冷蒿草原偏移幅度最大，向东北偏移 100km，线叶菊草原向东北偏移 90km。偏移方位方面，贝加尔针茅草原、线叶菊草原、羊草草原、冷蒿草原和小针茅草原向东偏移，典型草原类针茅草原、糙隐子草草原向西偏移。

（4）过去 40 年驱动锡林郭勒草地类型变化的驱动因子依次为：降水量＞牲畜数量变化＞农业生产总值变化＞人口数量变化，表明水分条件和过度放牧是导致草地类型变化的主要驱动力，尤其在典型草原，长期过度放牧已导致大面积的原生草地群落被次生群落代替，草地生态系统发生了退化演替。

5 锡林郭勒草地变化空间格局识别与驱动力分析

　　草地空间格局是草地资源在地理空间上的分布格局，包括草地边界、面积和空间布局等多个特征（刘富渊和李增元，1991；苏大学等，2005）。由于草地是锡林郭勒主要地表覆盖类型，草地空间格局的变化与其他土地类型密切相关，因此开展草地空间格局转化分析，需要以不同时期的土地类型现状数据作为基础。目前已有众多土地类型分类产品，如 MODIS 地表覆盖类型产品、Copernicus 全球陆地服务产品、欧空局地表覆盖产品以及我国研发的 Global Land 30 土地利用产品等可供用户免费获取，然而针对草地空间格局的研究，仍然存在概念不清、分类系统固定、局部分类精度低和时间分辨率不够灵活等不足。鉴于此，本研究主要内容如下：一是基于 GEE 平台，采用 Landsat 5 TM 和 Landsat 8 OLI 多光谱数据，在像元尺度利用随机森林算法快速提取 1988 年、1998 年、2008 年和 2018 年四期锡林郭勒草地空间格局数据；二是锡林郭勒草地空间格局时空变化分析；三是锡林郭勒草地空间格局变化驱动力分析。

5.1 材料与方法

5.1.1 数据材料

　　本章用到的数据材料包括影像数据、样点数据和统计资料。影像数据由 1998 年、1998 年和 2008 年 Landsat 5 TM 多光谱数据、2018 年 Landsat 8 OLI 多光谱数据、ASTER GDEM v2 和 ERA5-Land 气象再分析资料组成，数据筛选、拼接、裁剪和投影等均在 GEE 平台完成，详见第 2 章。统计资料包括锡林郭勒盟各旗县历年国民生产总值、牲畜数量、人口数量等。样点数据是影像分类和精度验证的关键，本研究借助 Google Earth 软件，按照土地利用类型的空间复杂程度，针对四期影像，分别选取 3 628 个、3 502 个、

3 640个和4 069个样本点，并随机提取70%的样本作为训练样本，30%作为验证样本。

5.1.2　土地利用分类系统

国内外现有土地利用类型产品对草地的划定较为粗糙，使得一些原本属于草地的斑块划分为非草地，不符合锡林郭勒草地界限、面积和空间分布的识别分析。为突出草地沙化、盐渍化以及开垦开采现象，本研究结合研究区实地情况，将土地利用类型划分为：耕地、草地、有林地、灌木林地、沙地、盐碱地、建设用地、采矿用地和水体九大类型（表5-1）。

表5-1　锡林郭勒土地类型分类系统

序号	类型	描述
1	耕地	水浇地、旱地等用于种植的农业用地
2	草地	研究区的原生土地类型，植被类型以草本植物为主
3	有林地	植被类型以乔木为主，乔木郁闭度≥0.2
4	灌木林地	植被类型以灌木为主，乔木郁闭度≥0.1，灌木盖度≥40%
5	沙地	基本无植被覆盖的固定或半固定沙丘
6	盐碱地	由盐类沉积形成的土地，植被覆盖度低，有少量耐盐性植被生长，已形成盐碱斑
7	建设用地	城市、村镇和道路等
8	采矿用地	已开采的露天矿区，如煤矿、采石厂等
9	水体	河流、湖泊、水库、水塘等

5.1.3　随机森林分类器

同3.1.5。

5.1.4　分类特征选择

选择合适的分类特征是地物遥感分类的重要环节。根据以往研究，多光谱波段在区分植被与非植被类型方面具有较好的表现，但是在不同植被类型，如草地与耕地、草地与灌木林地的划分上容易受到植被光谱特征趋同的影响，容易产生错分现象（Rapinel et al., 2019）。Xu 等（2019）研究发现借助植被物候特征和地形地貌信息可以显著提高不同植被类型间的可分离度。由于本研究采用的是基于像素的地类分类方法，因此在特征的选择上为了更大限度地提高不同类型间的可分离度，选取多光谱波段、指数指标

（NDVI、MNDWI、NDBI）、HSV 颜色指标（色调、饱和度）、地形因子以及
NDVI 时间序列信息作为分类特征（表5-2）。

表5-2 分类特征

编号	波段类型	分类特征	描述
S1	多光谱波段	蓝光波段	蓝色波段，用于大气和深水成像
		绿光波段	绿色波段，用于植被和深水成像
		红光波段	红色波段，用于土壤、植被和人造地物的区分
		近红外波段	近红外波段，主要用于植被的提取
		短波红外波段1	短波红外波段，用于分辨道路、裸地、水体，且在不同植被之间有好的对比度
		短波红外波段2	短波红外波段，有助于区分植被和裸地
		热红外波段	热红外波段
S2	指数	NDVI	归一化植被指数，计算公式为： NDVI =（NIR-R）/（NIR+R） 该指数有利用提取植被信息
		MNDWI	改进的归一化水体指数，计算公式为： MNDWI =（Green-MIR）/（Green+MIR） 该指数可以较好地区分水体和阴影
		NDBI	归一化建筑指数，计算公式为： NDBI =（MIR-NIR）/（MIR+NIR） 该指数可以较好地提取建筑物
S3	HSV	Hue	色调
		Saturation	饱和度
S4	地形	Elevation	海拔
		Slope	坡度
S5	不同时相NDVI	NDVI_45	4—5月NDVI，有利于提高植被类型的区分度
		NDVI_910	9—10月NDVI，有利于提高植被类型的区分度

5.1.5 面积转移矩阵

本研究采用转移矩阵来分析四期土地利用类型的面积转移情况，计算公
式如下：

$$S = \begin{bmatrix} S_{11} & S_{12} & \cdots & S_{1j} \\ S_{21} & S_{22} & \cdots & S_{2j} \\ \vdots & \vdots & & \vdots \\ S_{i1} & S_{i2} & \cdots & S_{ij} \end{bmatrix} \qquad (5-1)$$

式中，S 为面积；S_{ij} 为 i 类型向 j 类型转移面积。

5.1.6 景观指数

本研究在土地利用类型尺度选取斑块数量、斑块密度指标来分析草地整体景观的破碎化程度，在景观尺度选取香农均匀度指数（Shannon's Evenness Index，SHEI）和蔓延度（Contagion's Index，CONTAG）指标来分析整个景观格局的变化程度。为了减少琐碎斑块对分析结果的影响，只分析单位面积大于 300m×300m 的图斑景观指数。NP 和 PD 计算公式参见第 4 章。

SHEI 指标可以反映景观中某一类型的优势程度，其计算公式（郭晋平和周志翔，2007）如下：

$$SHEI = \frac{-\sum_{i=1}^{m}(P_i \cdot \ln P_i)}{\ln(m)} \qquad (5-2)$$

式中，SHEI 取值范围为 0~1，其值越高，表明景观中无优势类型；P_i 为 i 类型斑块占景观总面积比例；m 为景观中的斑块类型数量。

CONTAG 指标反映的是景观中斑块类型的延展程度，其计算公式（郭晋平和周志翔，2007）如下：

$$CONTAG = \left[1 + \frac{\sum_{i=1}^{m}\sum_{k=1}^{m}\left\{(P_i) \cdot \left[\frac{g_{ik}}{\sum_{k=1}^{m}g_{ik}}\right] \cdot \left[\ln(\frac{g_{ik}}{\sum_{k=1}^{m}g_{ik}})\right]\right\}}{2\ln(m)} \right] \times 100\%$$

$$(5-3)$$

式中，CONTAG 取值范围为 0%~100%，其值越高，表明景观中的优势斑块延展性较好，反之，表明景观破碎度较高；P_i 为 i 类型斑块所占面积比；g_{ik} 为 i 类型斑块与 k 类型斑块毗邻的数目；m 为景观中的斑块类型数量。

5.1.7 潜在驱动力因子

本研究选取自然环境、距离、人类活动和社会经济 4 个大类共 11 个因子作为草地空间格局变化潜在驱动力因子（表5-3）。其中自然环境指标表征草地的生境条件，即水热条件的空间分布情况，距离指标则表示草地斑块距离人类活动区域的远近，人类活动指标包括人口数量变化因子和牲畜头数变化因子，表示直接影响草地空间分布变化的潜在人为因素，而社会经济指标作为间接影响草地空间分布变化的潜在人为因素。

表5-3 草地空间格局变化潜在驱动力因子

因子类型	编号	因子名称	描述	单位
自然环境指标	A1	降水量	年均降水量	mm
	A2	温度	年均温度	℃
	A3	海拔	海拔	m
	A4	坡度	坡度（0~60）	°
距离指标	A5	距城镇距离	距城镇的欧式距离	m
	A6	距水源距离	距水源的欧式距离	m
人类活动指标	A7	人口数量变化	年均人口增长率	%
	A8	牲畜头数变化	年均牲畜数量增长率	%
社会经济指标	A9	第一产业生产总值变化	第一产业生产总值年均增长率	%
	A10	第二产业生产总值变化	第二产业生产总值年均增长率	%
	A11	第三产业生产总值变化	第三产业生产总值年均增长率	%

5.1.8 逻辑回归模型

本研究采用二元逻辑回归模型进行驱动力因子分析，公式参见第4章。

具体操作步骤为：首先，利用ArcMap提取1988—2018年四期土地利用图中草地空间格局变化斑块。其次，利用ArcMap的Create Random Points工具在研究区范围内随机生成3 000个点。最后，将草地空间格局变化属性分配至随机点中，并将无变化的点赋值0，产生变化的点，即草地与其他类型间发生转化的点赋值1，从而建立草地空间格局变化二值样点图。

5.1.9 分类精度评价

本研究采用混淆矩阵，选取总体分类精度和Kappa系数作为评价分类精度的指标，公式参见第4章。

在实际评价中，对分类图像的每个像素进行监测是不现实的，需要随机选择一组用于检验的验证样本。本书随机选取的验证样本在各土地类型中的分布数量如表 5-4 所示。

表 5-4 四期不同土地类型验证样本 单位：个

年份	耕地	草地	林地	灌木林地	沙地	盐碱地	建设用地	采矿用地	水体
1988	40	699	57	96	82	62	10	7	35
1998	59	649	52	85	81	56	19	17	32
2008	123	613	49	89	96	55	19	20	28
2018	158	663	44	90	135	53	21	28	29

5.2 结果与分析

5.2.1 土地类型分类精度评价

随机森林分类过程是由若干棵决策树通过对训练样本进行训练和预测，并由多棵树的分类结果投票决定的（Breiman，2001）。在构建随机森林分类模型时，除决策树个数 n 和随机特征个数 m 两个参数外，参与模型构建的特征数量、特征组合以及特征排序也会影响最终影像的分类结果（Tian et al., 2016；Liu et al., 2018；马慧娟等, 2019）。本研究针对两种不同的 Landsat 多光谱数据，设计了 5 种不同的特征组合，以寻找最佳分类特征。结果显示，在仅有多光谱波段参与下，两期分类总体精度就已达到 91.09% 和 87.75%，表明多光谱波段在区分不同地物中起到关键作用。随着特征数量的增加，起初两期分类精度均有所下降，但当所有特征均参与分类时，两期分类总体精度分别达 95.39% 和 91.17%，Kappa 系数分别达 0.870 0 和 0.855 3，表明本研究选取的特征参数对于锡林郭勒土地类型的分类起到积极作用。另外，不同时相植被 NDVI 特征对分类精度的提升具有显著作用，表明植被物候特征在不同植被类型间的区分上起到关键作用（表 5-5）。

表 5-5 不同特征组合下的影像分类精度和 Kappa 系数

波段组成	1988 年（TM）		2018 年（OLI）	
	OA（%）	Kappa	OA（%）	Kappa
S1	0.910 9	0.840 2	0.877 5	0.807 2
S1+S2	0.897 6	0.819 5	0.863 0	0.789 9

（续表）

波段组成	1988 年（TM）		2018 年（OLI）	
	OA（%）	Kappa	OA（%）	Kappa
S1+S2+S3	0.906 3	0.825 1	0.863 1	0.793 0
S1+S2+S3+S4	0.914 0	0.849 2	0.884 4	0.819 2
S1+S2+S3+S4+S5	0.953 9	0.919 3	0.911 7	0.860 2

　　如图 5-1 所示，两期分类特征重要度排序均有所不同，但在数值方面，特征间相差较小，表明在分类过程中均起到一定作用。在基于 Landsat 5 TM 的分类中，秋季时相植被 NDVI 特征重要度最高，表明草地与其他植被类型在 9—10 月差异较大，易于区分。此外，NDBI、海拔、MNDWI 等特征在建设用地、耕地、水体的识别提取中起到显著作用，有利于植被与非植被类型的区分。在基于 Landsat 8 OLI 的分类中，海拔特征重要度最高，表明不同土地类型在地形上具有较好的可区分度。此外，春季时相植被 NDVI、MNDWI 等特征在地物分类中也起到关键作用。

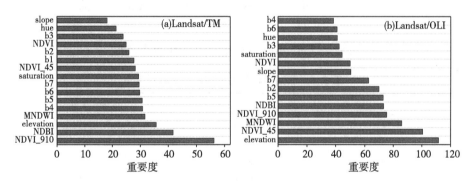

图 5-1　分类特征重要度

　　如图 5-2 所示，从 ntree 和 mtry 与 OOB 误差值的分布曲线可以看出当 ntree>300 时，OOB 误差值在不同 mtry 下均趋于稳定，当 mtry=4 时，两期分类过程的 OOB 误差值均为最小。因此本研究选择 ntree=500、mtry=4 作为基于两种 Landsat 数据源的随机森林分类器分类参数。

　　基于多源遥感数据和随机森林分类器的四期锡林郭勒土地利用类型总体分类精度分别为 95.43%、93.98%、90.45% 和 91.21%，Kappa 系数分别为 0.919 9、0.894 3、0.836 4 和 0.860 6，符合本书后续研究要求（表 5-6）。

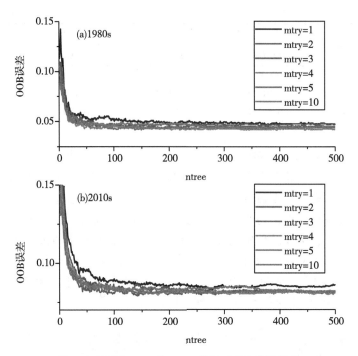

图 5-2　不同 ntree 和 mtry 下的 OOB 分类误差

表 5-6　四期锡林郭勒土地类型分类精度

年份	OA（%）	Kappa 系数
1988	95. 43	0. 919 9
1998	93. 98	0. 894 3
2008	90. 45	0. 836 4
2018	91. 21	0. 860 6

5.2.2　草地空间格局特征

锡林郭勒土地利用现状提取结果显示，除草地外，其他土地类型也具有明显的空间分布特征。有林地少量分布于东乌珠穆沁旗东北部、乌拉盖草原以及西乌珠穆沁旗东南部毗邻大兴安岭丘陵地区。灌木林地主要分布于乌珠穆沁草原中东部、锡林浩特市、正蓝旗南部以及多伦县等地山谷、河流沿岸等水源充裕的地区。沙地的分布具有明显的地带性，除浑善达克沙地外，苏尼特草原西部荒漠草原片区也有固定或半固定沙丘分布。盐碱地主要分布于苏尼特草原和东乌珠穆沁旗，尤其在东乌珠穆沁旗额吉淖尔湖分布较广泛。耕地除分布于太仆寺旗、多伦县和正镶白旗等半农半牧旗县外，还成片出现于乌拉盖草原和锡林浩特市。建设用地和采矿用地面积扩张明显，从 20 世纪 80 年代的零星分布转变为当前的规模性分布格局。

锡林郭勒盟四期（1988 年、1998 年、2008 年和 2018 年）草地提取面积分别为 17.60 万 km²、17.66 万 km²、17.63 万 km² 和 17.32 万 km²，约占锡林郭勒盟总面积的 86.00%。过去 30 年耕地、建设用地和采矿用地面积增长显著，其中耕地面积增加 2 588.24km²，尤其在 2008—2018 年新增开垦面积达 1 615.71km²，占总耕地面积的近 45.03%；建设用地增加 42.06km²，在 2008—2018 年新增 28.91km²，约占总建设用地面积的 50.49%；采矿用地面积增加 86.15km²，同样在 2008—2018 年新增 74.40km²，占采矿用地总面积的 85.38%。相反地，过去 30 年有林地、灌木林地和水体面积显著减少，其中有林地和灌木林地面积分别减少 429.78km² 和 1 887.70km²。沙地和盐碱地是草地面积流失的主要形式，过去 30 年沙地和盐碱地面积均显著增加，其中沙地面积增加 1 400.67km²，在 2008—2018 年新增 1 381.13km²，占耕地总面积的 15.79%；盐碱地面积增加 1 102.66km²（表 5-7）。

表 5-7 四期锡林郭勒各土地类型面积　　　　　　单位：km²

土地类型	1988 年	1998 年	2008 年	2018 年
耕地	999.24	1 391.84	1 971.77	3 587.48
草地	176 019.45	176 613.27	176 318.99	173 215.97
有林地	2 269.72	1 924.69	1 920.23	1 839.94
灌木林地	8 466.42	7 373.21	6 531.93	6 578.72
沙地	7 342.82	7 305.20	7 362.36	8 743.49
盐碱地	4 711.40	5 201.52	5 775.94	5 814.06
建设用地	15.19	20.66	28.34	57.25
采矿用地	0.98	2.90	12.73	87.13
水体	1 065.57	1 057.92	962.70	980.95

截至 2018 年，各旗县中，东乌珠穆沁草原面积最大，达 3.60 万 km²，占全盟草地面积的 20.79%，其次为苏尼特左旗和阿巴嘎旗，分别达 3.11 万 km² 和 2.55 万 km²，占全盟草地面积的 17.96% 和 14.72%。过去 30 年锡林郭勒各旗县草地面积变化中，阿巴嘎旗草地减少面积最大，达 0.16 万 km²，此外还有苏尼特右旗、锡林浩特市、多伦县、太仆寺旗、东乌珠穆旗、苏尼

特左旗、二连浩特市和正蓝旗草地面积均有减少，减少范围在 0.01 万 ~ 0.10 万 km²。与此同时，西乌珠穆沁旗、正镶白旗、镶黄旗和乌拉盖草地面积有所增加（表 5-8）。

表 5-8　锡林郭勒各旗县草地面积

旗县	1988 年		1998 年		2008 年		2018 年	
	面积（万 km²）	占比（%）	面积（万 km²）	占比（%）	面积（万 km²）	占比（%）	面积（万 km²）	占比（%）
AQ	2.71	15.40	2.63	14.89	2.44	13.84	2.55	14.72
BQ	0.44	2.50	0.48	2.72	0.50	2.84	0.50	2.89
DL	0.29	1.65	0.29	1.64	0.32	1.82	0.25	1.44
ER	0.31	1.76	0.26	1.47	0.28	1.59	0.30	1.73
ES	3.13	17.78	3.17	17.95	3.14	17.81	3.11	17.96
EW	3.63	20.63	3.68	20.84	3.61	20.48	3.60	20.79
HQ	0.47	2.67	0.50	2.83	0.51	2.89	0.50	2.89
LQ	0.79	4.49	0.82	4.64	0.84	4.76	0.76	4.39
TQ	0.28	1.59	0.24	1.36	0.27	1.53	0.20	1.15
WL	0.29	1.65	0.37	2.10	0.35	1.99	0.31	1.79
WS	2.00	11.36	1.89	10.70	1.98	11.23	1.90	10.97
WW	1.85	10.51	1.93	10.93	2.00	11.34	2.02	11.66
XL	1.41	8.01	1.40	7.93	1.39	7.88	1.32	7.62

5.2.3　草地面积转移分析

锡林郭勒草地面积转移具有明显的地域分布特征，而且不同时期具有不同的转移特点。总体上乌珠穆沁草原东部、浑善达克沙地和二连浩特市境内草地空间变化较为显著，表明上述地区草地生态系统脆弱，在受到外界因素驱动时，其原有土地类型容易发生改变。此外，过去 30 年锡林浩特市、阿巴嘎旗南部、太仆寺旗和多伦县等地草地转移斑块较多，而且多以草地转出为主，表明上述地区受外界因素影响，草地流失现象严峻。

1988—1998 年，草地转出总面积为 5 407.71km²，其中草地转入沙地和盐碱地面积分别达 1 201.32km² 和 1 603.71km²，占草地转出总面积的 22.21% 和 29.65%，是草地流失的主要形式。草地转入耕地（开垦）面积达 615.92km²，占新增耕地面积的 89.63%，说明草地开垦是这一时期耕地扩张的主要方式。此外，草地转入建设用地和采矿用地（开采）面积分别为 8.81km² 和 1.55km²，占新增建设用地和采矿用地面积的 81.12% 和 70.57%。与此同时，其他类型转入草地总面积约为 6 000.53km²，其中灌木林地转入草地面积最大，达 2 669.76km²，占转入草地总面积的 44.78%，沙地和盐碱地转入草地面积分别达 1 298.30km² 和 959.41km²，占转入草地总面积的 21.63% 和 15.98%（表 5-9）。

表 5-9　1988—1998 年土地类型转移矩阵　　　　　单位：km²

1998年	1988年								
	耕地	草地	林地	灌木林地	沙地	盐碱地	建设用地	采矿用地	水体
耕地	704.73	615.92	2.11	66.58	1.00	1.20	0.00	0.00	0.30
草地	270.30	170 611.74	616.04	2 669.76	1 298.30	959.41	4.53	0.25	182.94
林地	2.11	356.86	1 287.42	277.67	0.03	0.26	0.00	0.00	0.33
灌木林地	21.88	1 551.89	364.08	5 375.90	17.38	6.76	0.00	0.00	35.29
沙地	0.05	1 201.32	0.02	6.83	5 909.47	187.20	0.00	0.00	0.25
盐碱地	0.16	1 603.71	0.00	39.04	116.06	3 326.60	0.82	0.02	114.77
建设用地	0.00	8.81	0.00	0.05	0.02	1.48	9.80	0.00	0.50
采矿用地	0.00	1.55	0.00	0.02	0.02	0.12	0.00	0.70	0.49
水体	0.01	67.66	0.06	30.57	0.55	228.36	0.01	0.00	730.70

1998—2008 年，草地转出总面积为 6 278.00km²，其中草地转沙地和盐碱地面积分别为 1 837.13km² 和 1 573.72km²，占草地总转出面积的 29.26% 和 25.06%。草地开垦和开采面积分别为 969.10km² 和 10.48km²，占新增耕地和采矿用地面积的 95.94% 和 92.87%。与此同时，其他类型转入草地总面积为 6 091.65km²，其中灌木林地、沙地和盐碱地转入草地面积分别为 2 507.86km²、1 653.44km² 和 1 416.45km²，占转入草地总面积的 41.17%、27.14% 和 23.25%，是草地面积增长的主要来源（表 5-10）。

表 5-10　1998—2008 年土地类型转移矩阵　　　　　单位：km²

2008年	1998年								
	耕地	草地	林地	灌木林地	沙地	盐碱地	建设用地	采矿用地	水体
耕地	961.67	969.10	1.26	39.53	0.01	0.17	0.00	0.00	0.03
草地	323.41	170 042.94	58.87	2 507.86	1 653.44	1 416.45	5.27	0.48	125.87
林地	2.73	260.88	1 546.45	107.49	0.02	0.00	0.00	0.00	2.66
灌木林地	98.97	1 441.58	317.96	4 613.63	8.20	24.61	0.03	0.01	26.94
沙地	1.92	1 837.13	0.04	27.04	5 390.14	102.80	0.02	0.00	3.27
盐碱地	0.25	1 573.72	0.04	20.83	252.22	3 546.55	1.80	0.11	379.98

（续表）

2008 年	1998 年								
	耕地	草地	林地	灌木林地	沙地	盐碱地	建设用地	采矿用地	水体
建设用地	0.00	15.07	0.00	0.47	0.02	1.84	10.92	0.00	0.01
采矿用地	0.00	10.48	0.00	0.20	0.02	0.53	0.00	1.44	0.05
水体	2.84	170.04	1.05	56.78	1.14	108.27	2.62	0.86	519.11

2008—2018 年，草地转出面积持续增加，达 9 183.02km²，其中草地转沙地依然是草地流失的主要形式，面积达 3 984.84km²，占草地转出总面积的 43.38%。草地开垦面积达 1 232.02km²，占耕地总面积的 34.34%，占新增耕地面积的近 67.85%。草地转入建设用地和草地开采面积分别为 22.26km² 和 61.85km²，占新增建设用地和采矿用地面积的 65.01% 和 81.83%。与此同时，其他类型转入草地面积为 6 079.27km²，其中来自灌木林地、沙地和盐碱地的转入面积分别为 2 463.14km²、2 760.72km² 和 402.01km²，占转入草地总面积的 40.51%、45.41% 和 6.61%，表明除灌木林地外，沙地和盐碱地治理依然是新增草地的主要来源（表 5-11）。

表 5-11 2008—2018 年土地类型转移矩阵　　　　　　单位：km²

2018 年	2008 年								
	耕地	草地	林地	灌木林地	沙地	盐碱地	建设用地	采矿用地	水体
耕地	1 771.77	1 232.02	24.51	515.49	25.17	3.38	0.01	0.00	15.11
草地	120.00	167 130.93	91.31	2 463.14	2 760.72	402.01	0.00	0.70	241.38
林地	0.00	185.51	1 560.55	91.05	0.05	0.03	0.00	0.00	2.85
灌木林地	0.00	2 764.23	243.06	3 391.73	66.67	55.43	0.39	0.12	56.81
沙地	0.00	3 984.31	0.07	8.15	4 418.21	330.45	1.78	0.03	0.55
盐碱地	0.00	846.83	0.23	47.82	85.27	4 786.82	1.91	0.17	45.92
建设用地	0.00	22.26	0.00	1.17	0.66	6.12	23.60	0.00	4.03
采矿用地	0.00	61.85	0.00	1.51	2.89	4.06	0.00	11.52	5.27
水体	80.00	86.02	0.50	11.86	2.73	208.22	0.64	0.19	590.79

1988—2018 年，锡林郭勒草地转出总面积 11 011.00km²，其中草地转沙地、草地转盐碱地和草地转耕地面积分别为 4 916.43km²、2 282.96km² 和 2 138.92km²，占草地总转出面积的 44.57%、20.69% 和 19.39%，表明草地

沙化、盐碱化和开垦是草地面积流失的主要形式。与此同时，其他类型转入草地总面积为 8 207.79km²，来自沙地和盐碱地的转入面积分别为 3 629.53km² 和 941.04km²，占转入草地总面积的44.22%和11.46%，表明过去30年沙地治理、盐碱地治理效果显著，但是从整体上来看，沙地面积扩展、草地盐碱化现象依然严峻（表5-12）。

表 5-12　1988—2018 年土地类型转移矩阵　　　　单位：km²

2018 年	1988 年								
	耕地	草地	林地	灌木林地	沙地	盐碱地	建设用地	采矿用地	水体
耕地	743.34	2 138.92	36.54	459.09	12.05	0.00	0.01	0.00	197.53
草地	233.00	165 008.19	282.71	2 995.31	3 629.53	941.04	0.06	0.24	125.89
林地	0.00	195.90	1 557.51	84.07	0.55	0.02	0.00	0.00	1.89
灌木林地	5.30	1 253.17	390.35	4 794.73	46.67	32.09	0.26	0.01	56.15
沙地	17.60	4 916.43	1.15	20.06	3 594.63	191.83	0.58	0.00	1.20
盐碱地	0.00	2 282.96	1.16	66.56	56.45	3 290.60	0.77	0.01	115.56
建设用地	0.00	37.48	0.00	2.38	0.89	3.05	12.90	0.00	0.55
采矿用地	0.00	76.08	0.03	7.44	0.75	1.51	0.00	0.69	0.63
水体	0.00	130.06	0.28	30.78	1.30	251.71	0.60	0.03	566.18

根据上述结果，过去30年锡林郭勒草地面积流失的主要形式为草地沙化和盐碱化，且发生于草地与沙地，草地与盐碱地接壤的草地生态脆弱区域，此外，尤其近年来草地滥采滥垦现象严重，成为草地面积流失的主要原因。

5.2.4　草地景观结构分析

锡林郭勒草地景观指数显示，草地斑块数量和斑块密度均有所上升（图5-3a），其中草地斑块数量由1988年的3 686个逐渐增加至2018年的3 984个，草地斑块密度由1988年的1.84%逐渐增值2018年的1.99%，表明草地受外界因素驱动，破碎程度增加，琐碎斑块数量明显增多。在景观尺度，研究区景观均匀度指数变化幅度较小，1988年为0.242 3，1998年略微上升，达0.247 4，2008年又降至0.239 5，2018年上升至0.250 4，表明草地作为优势土地类型，其优势度稳定，CONTAG指数由1988年的80.79逐渐降至2018年的79.12，表明草地的延展性虽然好，但是破碎程度依然在增加（图5-3b）。

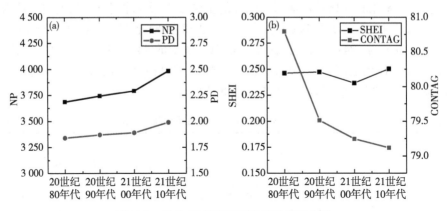

图5-3　过去30年锡林郭勒草地景观指数

5.2.5　草地空间格局变化驱动力分析

本研究选取的草地空间变化潜在驱动因子均具有明显的空间异质性。气候指标中，年均降水量具有从东南向西北递减分布规律，相反地，年均温度具有从东向西递增分布规律。地形指标中，海拔在南部和北部偏高，在东西部偏低。人类活动因子中，人口增长率在锡林浩特市、二连浩特市和西乌珠穆沁旗较高，在苏尼特左旗、太仆寺旗和正镶白旗则出现了负增长。相反地，牲畜增长率在牧业旗县，如西乌珠穆沁旗、东乌珠穆沁旗、阿巴嘎旗较高，而在南部半农半牧旗县较低。在经济指标中，第一产业生产总值变化率的分布与牲畜数量变化率的分布大体一致，在东乌珠穆沁旗、西乌珠穆沁旗和锡林浩特市较高，而在苏尼特草原较低；第二产业生产总值变化率则在能源产业较发达的西乌珠穆沁旗、锡林浩特和正蓝旗较高，其余旗县相差不大；第三产业生产总值变化与人口变化呈正比，在锡林浩特市、二连浩特市较高，在苏尼特左旗、镶黄旗和正镶白旗较低。

1988—1998年，影响草地空间格局变化的驱动因子有年均降水量、年均温度、海拔、人口数量变化、牲畜头数变化、农业生产总值变化和第三产业生产总值变化7个指标，其中海拔高度对因变量具有负相关作用，其余指标与因变量具有正相关作用。优势比显示，当其余因子不变的前提下，人口数量变化对因变量的驱动最强，其次为农业生产总值变化（表5-13）。通过结合1988—1998年研究区耕地面积的增长情况可以得出草地开垦是导致此时期草地空间格局变化的主要因素。

表 5-13   1988—1998 年锡林郭勒草地空间格局变化驱动力分析结果

时期	驱动因子	回归系数	Wald 统计量	优势比（OR）	P 值
1988—1998 年	A1	0.016	120. 221	1. 016	<0.001
	A2	0.261	20. 486	1. 298	<0.001
	A3	-0.003	69. 643	0. 997	<0.001
	A7	0.428	91. 483	1. 534	<0.001
	A8	0.029	64. 145	1. 029	<0.001
	A9	0.298	83. 110	1. 347	<0.001
	A11	0.047	70. 140	1. 048	<0.001

1998—2008 年，降水量、温度、人口数量变化、牲畜头数变化、第一产业生产总值变化、第二产业生产总值变化和第三产业生产总值变化对草地格局的转化具有促进作用。优势比显示，人口数量变化对因变量的驱动最强，其次为年均温度和农业生产总值变化，表明人类活动，尤其是农业用地的扩张是导致此时期草地空间格局转化的主要原因（表 5-14）。

表 5-14   1998—2008 年锡林郭勒草地空间格局变化驱动力分析结果

时期	驱动因子	回归系数	Wald 统计量	优势比（OR）	P 值
1998—2008 年	A1	0.015	97. 225	1. 015	<0.001
	A2	0.229	13. 858	1. 257	<0.001
	A3	-0.001	13. 353	0. 999	<0.001
	A7	0.278	33. 701	1. 320	<0.001
	A8	0.013	11. 088	1. 013	<0.001
	A9	0.161	21. 224	1. 174	<0.001
	A10	0.010	3. 889	1. 010	0.048
	A11	0.036	38. 352	1. 037	<0.001

2008—2018 年，降水量、温度、人口数量变化、第一产业生产总值变化、第二产业生产总值变化和第三产业生产总值变化对草地格局转化具有促进作用。从优势比可以看出，在其他因子不变的前提下，人口数量变化、温度和第一产业生产总值变化对因变量影响最强。同样通过结合此期间耕地面积的增长情况，草地开垦依然是导致草地空间格局变化的主要原因之一（表 5-15）。

表5-15　2008—2018年锡林郭勒草地空间格局变化驱动力分析结果

时期	驱动因子	回归系数	Wald 统计量	优势比（OR）	P 值
2008—2018 年	A1	0.013	82.148	1.013	<0.001
	A2	0.220	14.508	1.246	<0.001
	A3	−0.003	65.226	0.997	<0.001
	A7	0.573	36.659	1.773	<0.001
	A8	−0.022	37.373	0.978	<0.001
	A9	0.220	45.025	1.246	<0.001
	A10	0.012	5.360	1.012	0.020 6
	A11	0.038	48.512	1.039	<0.001

1988—2018 年，除城镇距离指标对草地格局变化无显著影响外，其余指标均具有不同程度的影响。回归系数显示年均降水量、年均温度、人口数量变化、农业生产总值变化、工业生产总值变化和第三产业生产总值变化对草地格局变化具有显著正相关性。优势比显示，主导驱动因子依次为人口数量变化＞农业生产总值变化＞第三产业生产总值变化＞年均降水量＞年均温度＞工业生产总值变化，由此可以得出人类活动对锡林郭勒草地空间格局的变化驱动作用要大于自然环境因素（表5-16）。

表5-16　1988—2018年锡林郭勒草地空间格局变化驱动力分析结果

时期	驱动因子	回归系数	Wald 统计量	优势比（OR）	P 值
1988—2018 年	A1	0.783	85.622	2.187	<0.001
	A2	0.483	27.964	1.621	<0.001
	A3	−0.443	52.878	0.642	<0.001
	A4	−0.111	8.020	0.895	0.005
	A6	−0.228	31.644	0.796	<0.001
	A7	1.608	21.708	4.993	<0.001
	A8	−0.741	59.27	0.477	<0.001
	A9	2.558	36.704	4.749	<0.001
	A10	0.329	14.274	1.390	<0.001
	A11	0.840	15.518	2.317	<0.001

5.3 讨论

本研究基于多源遥感数据，采用 GEE 平台和随机森林分类器在 30m 像元尺度对 1988—2018 年四期锡林郭勒土地利用类型进行了识别提取。首先，基于云平台的土地利用类型制图流程相比于传统的本地端制图方法，具有高效快捷、海量数据源和分类精度可靠等优势，成为获取大尺度土地利用类型的主要方法（Mutanga and Kumar，2019）。结果显示，在没有过多先验专家知识参与下，基于该方法的四期影像分类精度和 Kappa 系数分别达 90% 和 0.80 以上，满足中等空间分辨率的锡林郭勒草地空间格局动态监测和快速识别需求。此外，书中制定的分类系统相比于传统分类系统，有利于反映包括草地沙化、盐渍化以及草地滥采滥垦行为对草地的影响。根据以往研究，不同时相的植被观测数据对于提升土地分类精度，尤其是植被类型的区分具有显著作用（Gu et al.，2010；徐大伟，2019）。本研究发现虽然采用两种 Landsat 数据源的分类过程中各分类特征重要度均有所不同，但在整体上，春季和秋季植被 NDVI 和海拔特征对于土地类型分类起到重要作用，是提高地类可分离性的关键。与此同时，该方法也存在一些不足。首先，基于像元的分类方法在高分辨率影像的解译中，容易产生因过度分类导致的琐碎斑块，即"椒盐效应"，使得分类后处理工作量加大（陈军等，2016）。其次，基于像元的分类方法只利用了影像的光谱信息，待识别对象的纹理、形状等空间结构信息未加以利用（Duro et al.，2012）。因此当几种待识别地物的光谱信息相近时，容易导致分类误差，不适用于植被类型的细分类。

草地虽然是锡林郭勒盟的主体类型，但是受到隐域性气候以及人类活动的影响，除草地外，其他土地类型在空间上呈现明显的地域分布规律。有林地和灌木林地分布于乌珠穆沁草原东部大兴安岭西麓地区，沙地主要分布于浑善达克沙地和乌珠穆沁中西部沙地，盐碱地则分布于干枯河流以及干湖盆地。耕地、建设用地分布于人口密度较大的半农半牧旗县和行政中心周围。以上规律同时也导致草地转入转出的分布具有规律性。在草地转入方面，沙地是草地最大的转入来源，占草地总转入面积的 44.62%，而且近些年沙地治理面积具有显著上升趋势。资料显示，2000—2018 年，锡林郭勒盟依托京津风沙源治理，累计完成防沙治沙生态建设任务 1.3 万 km²，其中布局浑善达克沙地 0.9 万 km²，有效遏制了沙地扩张（中国网草原频道，2019）。此外，盐碱地治理和退耕还牧工程的实施也有效遏制了草地面积的流失。在草地转出方面，灌木林地、沙地和盐碱地依然是草地面积流失的主要原因。其中草地与灌木林地的转入转出面积中有一部分是由像元尺度的植被光谱差异导致的分类误差。由于仅使用了植被的光谱信息，使得很难区分光谱差异较小的高覆盖草地，如草甸类型与灌木林地，因此会有一部分草地被误分为灌木林地。在草地沙化和盐渍化方面，虽然一系列生态治理措施的实施有效遏制了草地沙化和盐渍化进程，但是在局部地区，由于草地生态系统的脆弱性，在外界驱动下，很容易产生新的沙斑或盐碱斑。因此在开展生态治理工程的同时，巩固已治理沙地和保护脆弱性草地是长期有效遏制草地流失的关键。

土地利用类型变化驱动因素是复杂多样的，不同的潜在因素间都有其内部的联系（摆万奇和赵士洞，2001）。目前大多数研究选取自然因素指标和人类活动指标作为潜在驱动力（郭斌等，2008）。本研究选取的 11 个潜在驱动因子中，降水量、温度、水源距离、人口变化和社会经济指标对近 30 年锡林郭勒草地空间格局的驱动作用显著。在自然因素方面，水热条件在不同时期对草地的影响作用相对稳定，其 OR 值变化幅度不大，表现为水热条件越好的地区，草地面积的转入转出越明显。这一方面与牧草对水热的敏感性有关，另一方面与水热条件决定人类行为有着密切联系。往往水热条件好的草原易于被开垦，从而转变原有土地利用性质，导致草地面积的流失。李博（1997）指出人口压力的增大一方面体现为牲畜数量的增加，另一方面体现为开垦、开矿行为的增多，从而导致能流与养分循环受阻、草地生产力与质量下降以及生物多样性降低。人口变化是反映人类活动强度最直观的指标。本研究选取的潜在驱动因子中，除人口变化外，牲畜数量变化、农业生产总值变化、工业生产总值变化和服务业生产总值变化等均与人类活动强度有关。结果显示，过去 30 年，全盟牲畜数量虽有增加，但是对草地资源分布格局无显著作用。过度放牧作为人类利用草地资源的方式，对草地的影响主要表现在群落结构的破坏、草地生产力的下降、多年生物种的消失以及土壤生境的破坏。但是由放牧导致的草地流失是一个复杂漫长的过程，并不会在短时间内造成原生草地向其他土地类型的转出。与此同时，近些年国家和地方政府通过实施草畜平衡政策，优化牲畜结构使得原有粗放的利用方式得到了改善，遏制了草地的进一步退化（冯秀等，2019）。巴图娜存等（2012）认为自 2000 年以来草地开垦、矿产资源的开发及其伴随的交通运输、地表水消耗是导致草地退化和草地面积流失的主要原因。结果表明，过去 30 年农业生产总值变化和工业生产总值变化均与草地空间格局的变化显著相关。与此同时，过去 30 年锡林郭勒盟新增耕地、建设用地和采矿用地面积中有 60%、65% 和 87% 的面积来源于草地开发，表明滥采滥垦现象是导致草地生态系统破坏和草地永久流失的主要原因。因此严禁草地开垦，严惩草地非法征占用现象，保障草地生态红线是防止草地流失，保护草地生态系统的关键。

5.4 本章小结

本研究利用多源遥感数据，基于 GEE 平台和随机森林分类器在像元尺度提取了 1988 年、1998 年、2008 年和 2018 年四期锡林郭勒草地空间格局数据，在此基础上使用面积转移矩阵和景观分析方法分析了不同时期草地空间格局变化特征，并应用二元逻辑回归模型分析包括自然、人为和社会经济在内的潜在驱动因素对草地空间格局变化的驱动作用，获得如下结论。

（1）基于 GEE 和随机森林分类器的四期锡林郭勒土地利用类型分类精度可达 90% 以上，满足 30m 空间分辨率的草地空间格局快速识别的需求。分类特征重要度方面，不同时相的植被 NDVI 和海拔特征对土地类型的区分起到显著作用，其重要度值最高。

（2）1988 年、1998 年、2008 年和 2018 年，锡林郭勒草地面积分别为 17.60 万 km^2、17.66 万 km^2、17.63 万 km^2 和 17.32 万 km^2，约占全盟总面积的 86.00%，其中东乌珠穆沁旗草地面积最大，约占全盟草地总面积的 21.00%。1988—2018 年锡林郭勒草地转出面积 1.10 万 km^2，其他类型转入草地面积 0.82 万 km^2，草地流失面积达 0.28 万 km^2。沙地、盐碱地和耕地是草地转出的主要形式，转出面积分别为 0.49 万 km^2、0.23 万 km^2 和 0.21 万 km^2，占草地总转出面积的近 44.57%、20.69% 和 19.39%，与此同时，来自沙地和盐碱地的转入面积分别为 0.36 万 km^2 和 0.09 万 km^2，占转入草地总面积的 44.22% 和 11.46%，表明沙地、盐碱地治理效果虽显著，但从整体来看，沙地面积扩张、草地盐碱化现象依然严重。

（3）景观指数方面，锡林郭勒草地斑块密度由 1988 年的 1.84% 上升至 2018 年的 1.99%，草地斑块数量由 1988 年的 3 686 块增加至 2018 年的 3 984 块，表明受外界影响，草地琐碎斑块数量增多；景观均匀度指数仅上升 0.008 1，表明草地优势度较为稳定；蔓延度指数由 1988 年的 80.79 下降至 2018 年的 79.12，表明草地的延展性虽然较好，但景观破碎化依然在增加。

（4）1988—2018 年，驱动锡林郭勒草地空间格局变化的驱动因子依次为：人口数量变化＞农业生产总值变化＞第三产业生产总值变化＞年均降水量＞年均温度＞工业生产总值变化，表明人类活动因素对草地空间格局变化的驱动作用要大于自然环境因素。

6 锡林郭勒草地生产力时空变化识别与驱动力分析

草地生产力是反映草地群落健康状况和草地资源数量特征的重要指标（刘爱军等，2007）。草地生产力具有多种表达方式，其中草地净初级生产力（NPP）常被用于反映草地生产能力的高低和草地承载能力（任继周，2015）。草地 NPP 受气候变化和人类活动影响，在时空上会形成明显的分布规律，在长时间尺度对草地 NPP 进行连续动态监测不仅可以反映草地生产力时空变化规律，而且对于研究草地与外界驱动因子间的耦合关系具有重要意义。本研究主要内容如下：一是基于 CASA 模型，以 AVHRR-NDVI 作为基础数据，结合气象资料、地面调查数据和草地类型数据，获取 1982—2018 年锡林郭勒不同草地类型、不同行政区划草地 NPP 时空演变规律；二是基于 Miami 模型，结合残差理论，通过建立分析场景定量区分气候变化和人类活动对草地生产力变化的主导作用。

6.1 材料与方法

6.1.1 数据材料

本章用到的数据材料包括影像数据、草地类型数据和样点数据。影像数据由 1982—2018 年 444 期（12×37）NOAA CDR of AVHRR NDVI v5 逐月观测数据和 ERA5-land 气象再分析资料，包括月总降水量、月均温度和月总太阳辐射数据组成，数据处理参见第 2 章。草地类型数据为第 4 章中识别提取的两期草地类型数据，数据处理参见第 3 章和第 4 章。地面样地数据为草地实测生产力数据，由均匀分布于研究区各草地类型的样方（1m×1m）数据组成，数据的获取与处理参见第 2 章。

6.1.2 草地 NPP 计算

根据以往研究，气候变化和人类活动是导致草地 NPP 变化的主要外界驱动因素（Zhou et al.，2014）。本研究通过定义三种草地 NPP 用于定量分析近40年锡林郭勒草地 NPP 时空变化与其驱动力。其中草地潜在生产力（Potential Net Primary Productivity，PNPP）用于反映仅考虑气候变化影响的草地 NPP；草地实际生产力（Real Net Primary Productivity，RNPP）用于反映受气候和人类活动共同作用下的草地 NPP；由人类活动导致的草地生产力变化值（Human-induced Net Primary Productivity，HNPP）则通过 PNPP 和 RNPP 之差获取。

6.1.2.1 PNPP 计算

众所周知，气候、土壤、群落结构、人类干扰等均是影响草地 NPP 的关键因素。根据 Liebig 最小因子定律，当其他因子处于最佳条件时，气候条件将决定单位面积草地植被可达到的最高产量，因此通过建立气候因子与样点数据间的拟合模型，可以间接反映植被 NPP 的空间分布规律（Sinclair and Park，1993）。由于这类模型仅考虑了气候条件对植被 NPP 的影响，因此属于一种理想状态下的植被 NPP 模型。本研究采用 Miami 模型（Lieth and Whittaker，1975）来估算草地在无人为干扰下，仅由气候决定的 PNPP。公式如下：

$$NPP_t(x, t) = 3\,000/[1 + e^{1.315-0.119\,6t(x, t)}] \tag{6-1}$$

$$NPP_p(x, t) = 3\,000 \cdot [1 - e^{-0.000\,664p(x, t)}] \tag{6-2}$$

$$PNPP(x, t) = \min[NPP_t(x, t), NPP_p(x, t)] \tag{6-3}$$

式中，x 为空间位置；t 为时间；$NPP_t(x, t)$ 为年均温度 t（℃）决定下的草地最高产量；$NPP_p(x, t)$ 为年总降水量 p（mm）决定下的草地最高产量，$t(x, t)$ 和 $p(x, t)$ 由气象再分析资料获取；$PNPP(x, t)$ 为潜在 NPP，取 $NPP_t(x, t)$ 和 $NPP_p(x, t)$ 的最低值。

6.1.2.2 RNPP 计算

本研究采用线性回归方程来检验和修正 LUE 模型模拟的草地 NPP 值，从而获取草地 RNPP。计算公式如下。

$$RNPP = a + b \cdot LNPP \tag{6-4}$$

式中，RNPP 为草地实际 NPP 值；LNPP 为 LUE 模型模拟 NPP 值，即草地光合 NPP；a、b 为拟合系数。

本研究采用朱文泉等（2007）修正的 CASA 模型来获取研究区 LNPP，

计算公式如下。

$$LNPP(x, t) = APAR(x, t) \times \varepsilon(x, t) \qquad (6-5)$$

式中，x 表示空间位置，t 表示时间；$APAR(x, t)$ 为植被光合有效辐射；$\varepsilon(x, t)$ 为光能利用率。其中 APAR 的计算公式为：

$$APAR(x, t) = SOL(x, t) \times FPAR(x, t) \times 0.5 \qquad (6-6)$$

式中，$FPAR(x, t)$ 为植被冠层对入射光合有效辐射的吸收比；$SOL(x, t)$ 为太阳总辐射，由气象再分析资料计算获得；0.5 为植被所吸收利用的太阳有效辐射分量占太阳辐射总量的比例系数。其中 FPAR 可以由 NDVI、SR 与其最值的线性方程得出（Ruimy et al., 1994；Los et al., 1994；Field et al., 1995），公式如下。

$$FPAR = \frac{[NDVI(x, t) - NDVI_{min}][FPAR_{max} - FPAR_{min}]}{[NDVI_{max} - NDVI_{min}] + FPAR_{min}} \qquad (6-7)$$

$$FPAR = \frac{[SR(x, t) - SR_{min}][FPAR_{max} - FPAR_{min}]}{[SR_{max} - SR_{min}] + FPAR_{min}} \qquad (6-8)$$

$\varepsilon(x, t)$ 的计算公式为：

$$\varepsilon(x, t) = T_{\varepsilon 1}(x, t) \times T_{\varepsilon 2}(x, t) \times W_{\varepsilon}(x, t) \times \varepsilon_{max} \qquad (6-9)$$

式中，ε_{max} 为最大光能利用率，本研究参考朱文泉等（2007）测定的中国典型植被类型的最大光能利用率模拟结果。$T_{\varepsilon}(x, t)$ 和 $W_{\varepsilon}(x, t)$ 分别为温度胁迫因子和水胁迫因子，由气象再分析资料计算获得。

锡林郭勒草地 NDVI、SR 的最大值和最小值由 1982—2018 年 NDVI 平均值与草地类型进行叠加统计获取（表6-1）。

表6-1　锡林郭勒主要草地类型 NDVI、SR 指数最大值和最小值

草地大类	草地基本单元	$NDVI_{max}$	$NDVI_{min}$	SR_{max}	SR_{min}
草甸草原类	贝加尔针茅草原	0.821 4	0.015 4	10.198 2	1.230 0
	羊草草原	0.827 1	0.392 1	10.567 3	2.290 0
	线叶菊草原	0.820 2	0.024 1	10.123 4	1.230 0
典型草原类	针茅草原	0.702 2	0.250 2	5.715 9	1.667 3
	羊草草原	0.744 1	0.307 4	6.815 5	1.887 6
	糙隐子草草原	0.690 3	0.318 1	5.457 8	1.932 5
	冷蒿草原	0.744 1	0.011 4	6.815 5	1.181 2

（续表）

草地大类	草地基本单元	$NDVI_{max}$	$NDVI_{min}$	SR_{max}	SR_{min}
荒漠草原类	小针茅草原	0.411 6	0.028 9	2.399	1.070 1
	具灌丛的针茅草原	0.411 6	0.005 1	2.399	1.030 0
隐域性草地	芨芨草原	0.835 5	0.190 8	11.158	1.471 5
	芦苇沼泽	0.791 7	0.405 4	8.601 5	2.363 6
	沙地草原	0.833 4	0.002 1	11.004 8	1.085 6

6.1.2.3 HNPP 计算

基于残差理论（Yang et al., 2016），由人类活动导致的 NPP 残差计算公式为：

$$HNPP(x, t) = PNPP(x, t) - RNPP(x, t) \tag{6-10}$$

式中，x 表示空间位置，t 表示时间；$HNPP(x, t)$ 为由人为干扰导致的 NPP 残差值。

6.1.3 Sen's 斜率+MK 检验

为减少由大气、云层引起的 NDVI 异常值干扰，本研究采用 Sen's 斜率公式来计算草地 NPP 变化趋势。Mann-Kendall（MK）检验对序列分布无要求且对异常值不敏感，因此引入该方法可完成对序列趋势的显著性检验（Akritas et al., 1995；Forkel et al., 2013）。

Sen's 斜率计算公式：

$$\beta = Median\left(\frac{NPP_j - NPP_i}{j - i}\right) \tag{6-11}$$

式中，$Median(x)$ 为中位数函数；β 为 Sen's 斜率值，表示序列 $\{NPP_x\}$ 的上升或下降趋势，若 $\beta > 0$，表示 $\{NPP_x\}$ 具有上升趋势，且 β 值越大，上升趋势越强，相反地，若 $\beta < 0$，表示 $\{NPP_x\}$ 具有下降趋势，且 β 值越小，下降趋势越强。

Mann-Kendall 检验过程如下：

对于序列数据 $\{NPP_x\}$，确定所有对偶值（NPP_i，NPP_j，$j > i$）中 NPP_i 与 NPP_j 的大小关系，设为 S。并做如下假设：H_0：序列中的数据为随机排列，无显著变化趋势；H_1：序列数据存在上升或下降趋势。检验统计量 S 的公式为：

$$S = \sum_{i=1}^{n-1} \sum_{j=i+1}^{n} sgn(\mathrm{NPP}_j - \mathrm{NPP}_i) \qquad (6\text{-}12)$$

$$sgn(\mathrm{NPP}_j - \mathrm{NPP}_i) = \begin{cases} 1 & \mathrm{NPP}_j - \mathrm{NPP}_i > 0 \\ 0 & \mathrm{NPP}_j - \mathrm{NPP}_i = 0 \\ -1 & \mathrm{NPP}_j - \mathrm{NPP}_i < 0 \end{cases} \qquad (6\text{-}13)$$

式中，$sgn(x)$ 为符号函数，返回参数的正负，若 $sgn(x) > 0$，返回 1，$sgn(x) < 0$，返回 -1，$sgn(x) = 0$，返回 0。

本研究使用检验统计量 Z 进行趋势检验，公式如下：

$$Z = \begin{cases} \dfrac{S-1}{\sqrt{\sigma_s}}, & S > 0 \\ 0, & S = 0 \\ \dfrac{S+1}{\sqrt{\sigma_s}}, & S < 0 \end{cases} \qquad (6\text{-}14)$$

其中方差 σ_s 的计算公式为：

$$\sigma_s = \sqrt{(n/18)(n-1)(2n+5)} \qquad (6\text{-}15)$$

对于双边趋势检验，在给定的显著性水平 β 上，当 $|Z| < Z_{1-\alpha/2}$ 时，接收原假设，即草地 NPP 无显著变化趋势；相反地，当 $|Z| > Z_{1-\alpha/2}$ 时，拒绝原假设，即具有显著变化趋势。

草地 NPP 作为反映草地群落健康状况的重要指标，众多学者使用 NPP 的变化趋势作为遥感判断草地恢复和退化状况的指标。为直观反映草地 NPP 变化趋势在空间上的分布规律，采用 Sen's 斜率值 β 和趋势检验值 P 来制定包括显著恢复、轻微恢复、严重退化和轻微退化的草地 NPP 变化趋势等级（表 6-2）。

表 6-2 草地 NPP 变化趋势等级

分析条件	NPP 变化趋势描述
$\beta > 0$, $P < 0.05$	显著恢复
$\beta > 0$, $P > 0.05$	轻微恢复
$\beta < 0$, $P < 0.05$	严重退化
$\beta < 0$, $P > 0.05$	轻微退化

6.1.4 主导驱动力

本研究采用 Xu 等（2009）建立的评价方法来对草地 NPP 变化主导驱

动力进行定量分析。该方法通过建立不同分析场景来评价气候变化和人类活动对 NPP 变化的相对作用，从而实现两种驱动力的定量区分（表6-3）。如果 $\beta_{PNPP} > 0$，表示气候条件有利于牧草产量的增长，相反地，$\beta_{PNPP} < 0$，表示气候条件不利于牧草产量的增长；如果 $\beta_{HNPP} > 0$，表示人类干扰强度高，相反地，如果 $\beta_{HNPP} < 0$，表示人类干扰强度在草地群落自我调节范围内。

表6-3 草地 NPP 变化驱动力定量评价

		β_{PNPP}	β_{HNPP}	气候变化的相对作用（%）	人类活动的相对作用（%）
$\beta_{RNPP} > 0$	场景1	>0	>0	100	0
	场景2	<0	<0	0	100
	场景3	>0	<0	$\frac{|\Delta PNPP|}{|\Delta PNPP|+|\Delta HNPP|} \times 100$	$\frac{|\Delta HNPP|}{|\Delta PNPP|+|\Delta HNPP|} \times 100$
	场景4	<0	>0	错误	错误
$\beta_{RNPP} < 0$	场景1	<0	<0	100	0
	场景2	>0	>0	0	100
	场景3	<0	>0	$\frac{|\Delta PNPP|}{|\Delta PNPP|+|\Delta HNPP|} \times 100$	$\frac{|\Delta HNPP|}{|\Delta PNPP|+|\Delta HNPP|} \times 100$
	场景4	>0	<0	错误	错误

注：β_{PNPP} 和 β_{HNPP} 分别为1982—2018年 PNPP 和 HNPP 的变化趋势。场景1为气候变化主导的草地恢复或草地退化；场景2为人类活动主导的草地 NPP 恢复或草地退化；场景3为气候变化和人类活动共同影响下的草地 NPP 变化；场景4无解。$|\Delta PNPP|$ 和 $\Delta HNPP$ 分别为1982—2018年 PNPP 和 HNPP 总增加或减少值，由公式 $\Delta NPP = (n-1) \times slope$ 计算得出，式中 n 为研究年数，$slope$ 为基于最小二乘法的线性方程斜率。若气候变化或人类活动对草地 NPP 变化的相对作用大于50%，则认为该驱动力为主导因素。

6.1.5　偏相关分析

水热条件，即降水量和温度是影响草地长势最为关键的两个气候因子。为进一步揭示气候变化对草地长势的影响，本研究在已提取的气候主导草地 NPP 变化区域基础上，采用偏相关分析方法来分析草地 NPP 对降水与温度的响应作用，计算公式如下：

$$r_{XY \cdot Z} = \frac{r_{XY} - r_{XZ} \cdot r_{YZ}}{\sqrt{(1 - r_{XZ}^2)} \sqrt{(1 - r_{XZ}^2)}} \qquad (6-16)$$

式中，$r_{XY \cdot Z}$ 为以 Z 为控制变量情况下，变量 X 与变量 Y 的偏相关系数；

r_{XY}、r_{XZ} 和 r_{YZ} 分别为 X 与 Y、X 与 Z、Y 与 Z 的相关系数。

本研究采用 Spearman 秩序相关系数来反映变量间的相关性，公式如下。

$$r_s = 1 - \frac{6 \cdot \sum_{i=1}^{n}(x_i - y_i)^2}{n^3 - n} \qquad (6-17)$$

式中，r_s 为相关系数；$x_i - y_i$ 为秩序差。

6.2　结果与分析

6.2.1　模型验证

通过对 CASA 模型模拟值 LNPP 与实测值进行线性相关分析可知，模拟值与实测值达到显著相关（$P<0.05$，$n=159$），其线性表达式为：RNPP = 0.962 4×LNPP+12.629，通过转化后的 LNPP 符合研究需求，可以近似代表研究区草地实际生产力，即 RNPP（图 6-1）。

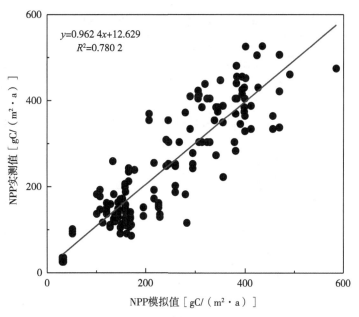

图 6-1　CASA 模型验证结果

6.2.2 草地NPP空间分布

基于CASA模型计算获取的1982—2018年锡林郭勒草地生产力在空间上呈自西向东递增分布特征，年均NPP为251.13gC/(m²·a)，其中位于乌珠穆沁草原东部和东南部草原区域年均NPP高于350.00gC/(m²·a)，位于苏尼特草原西部和西北部草原区域年均NPP低于160.00gC/(m²·a)，位于中部典型草原区域年均NPP为200.00~300.00gC/(m²·a)，表明草地生产力在区域尺度的分布上明显受制于水热条件。

草地类型生产力方面，草甸草原、典型草原和荒漠草原年均NPP分别为374.15gC/(m²·a)、255.38gC/(m²·a)和153.37gC/(m²·a)，其中线叶菊草原年均NPP最高，达423.35gC/(m²·a)，贝加尔针茅草原和羊草草原年均NPP分别为348.18gC/(m²·a)和350.93gC/(m²·a)，而位于荒漠草原的小针茅草原和灌丛化的针茅草原年均NPP分别仅为151.43gC/(m²·a)和155.32gC/(m²·a)，同样表明水热配置是决定草地生产力空间分布的关键因素（表6-4）。

表6-4 锡林郭勒主要草地类型年均NPP 单位：gC/(m²·a)

草地大类	草地基本分类单元	年均RNPP
草甸草原类	贝加尔针茅草原	348.18
	羊草草原	350.93
	线叶菊草原	423.35
典型草原类	针茅草原（包括大针茅草原和克氏针茅草原）	221.45
	羊草草原	284.49
	糙隐子草草原	255.12
	冷蒿草原	260.47
荒漠草原类	小针茅草原	151.43
	具灌丛的针茅草原	155.32
隐域性草地类	芨芨草草原	250.01
	芦苇沼泽	337.44
	沙地草原	318.67

旗县草地生产力方面，乌拉盖草地年均NPP最高，达385.71gC/(m²·a)，多伦县、西乌珠穆沁旗、太仆寺旗和蓝旗草地年均值均高于300.00gC/(m²·a)，二连浩特草地年均值最低，仅141.09gC/(m²·a)，此外，苏尼

特左旗和苏尼特右旗年均 NPP 也低于 200.00gC/(m² · a)（图 6-2）。由此可见锡林郭勒特殊的气候条件不仅使得草地成为该区域的主要类型，水热因子的时空配置规律在区域尺度上造就了锡林郭勒盟草地类型的多样性，也使得草地生产力在空间上具有明显的分布规律。

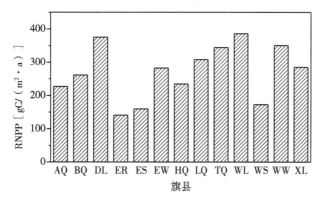

图 6-2　锡林郭勒各旗县年均草地 NPP

6.2.3　草地 NPP 变化分析

如图 6-3 所示，受气候变化和人类活动影响，1982—2018 年间锡林郭勒草地 NPP 年度间变化率较高，NPP 最高值出现在 1998 年，达 318.48gC/(m² · a)，最低值出现在 1989 年，为 215.21gC/(m² · a)，总体上草地多年平均 NPP 具有 20 世纪 90 年代＞20 世纪 80 年代＞21 世纪 10 年代＞21 世纪 00 年代的时间分布规律，反映出不同时期气候条件和人类活动对草地生态系统的影响差异显著。

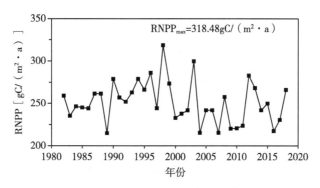

图 6-3　1982—2018 年锡林郭勒草地年均 NPP

通过一元线性回归分析可知，1982—2018 年间锡林郭勒草地 NPP 呈略微下降趋势，年际变化率为 $0.42gC/(m^2 \cdot a)$。潜在生产力作为表征草地在理想状态下的生产力，其值更多的是反映水热条件的好坏。同样通过一元线性回归分析可知，1982—2018 年 PNPP 呈下降趋势，年际变化率 $2.61gC/(m^2 \cdot a)$，除个别年份与实际生产力有所差异外，在长时间序列上，其年际间变化规律与草地实际生产力相似，说明在区域尺度上，水热条件的变化是引起草地生产力波动的主要原因（图6-4）。

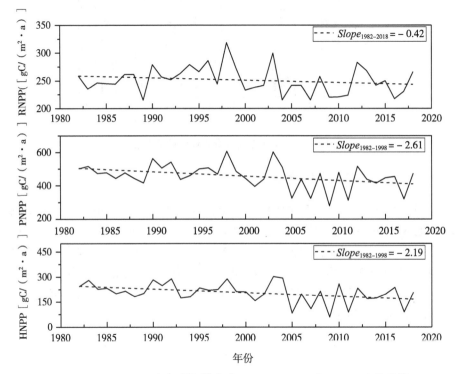

图6-4　1982—2018 年锡林郭勒草地 RNPP、PNPP 和 HNPP 变化趋势

如表6-5 所示，1982—2018 年草甸草原、典型草原和荒漠草原 NPP 年际变化率分别为 $0.26gC/(m^2 \cdot a)$、$-0.59gC/(m^2 \cdot a)$ 和 $-0.48gC/(m^2 \cdot a)$，表明除草甸草原外，锡林郭勒其他类型草地生产力呈下降趋势。其中线叶菊草原 NPP 年际增长率最高，为 $0.45gC/(m^2 \cdot a)$，而作为研究区主体草地单元的以大针茅或克氏针茅草原建群的针茅草原 NPP 年际减少率明显高于其他草地单元，达 $-0.79gC/(m^2 \cdot a)$，此外还有小针茅草原、羊草草原、糙隐子草原和冷蒿草原草地生产力呈下降趋势。

表 6-5 1982—2018 年锡林郭勒主要草地类型 NPP 年际变化率

单位：gC/(m² · a)

草地大类	草地基本分类单元	Sen's 斜率值
草甸草原类	贝加尔针茅草原	0.11
	羊草草原	0.21
	线叶菊草原	0.45
典型草原类	针茅草原（包括大针茅草原和克氏针茅草原）	−0.79
	羊草草原	−0.54
	糙隐子草草原	−0.50
	冷蒿草原	−0.53
荒漠草原类	小针茅草原	−0.63
	具灌丛的针茅草原	−0.34
隐域性草地类	芨芨草草原	−0.44
	芦苇沼泽	0.23
	沙地草原	0.28

由各旗县草地 NPP 年际变化率可以看出，多伦县、正蓝旗、太仆寺旗、乌拉盖和西乌珠穆沁旗草地生产力呈上升趋势，其中多伦县草地 NPP 年际增加最大，达 1.96gC/(m² · a)，表明过去近 40 年当地草地生态得到改善，生产力稳步提升。而传统畜牧业大旗，如阿巴嘎旗、东乌珠穆沁旗、苏尼特左旗、苏尼特右旗以及锡林浩特市草地生产力呈下降趋势，其中阿巴嘎旗和锡林浩特市草地 NPP 年际减少分别达 −0.92gC/(m² · a) 和 −0.83gC/(m² · a)，表明过去近 40 年以上地区草地生态系统受气候和人为因素影响，生产力明显下降（图 6-5）。

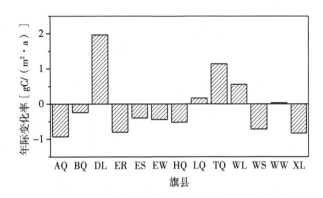

图 6-5 1982—2018 年锡林郭勒各旗县草地 NPP 年际变化率

6.2.4 草地 NPP 时空演变分析

为直观反映草地生产力时空演变规律，根据表 6-2 制定的草地生产力变化趋势划分标准，提取 1982—2018 年锡林郭勒草地 NPP 变化趋势等级可知，锡林郭勒盟草地退化面积 13.75 万 km²，占总草地面积的 76.86%，其中严重退化面积 4.63 万 km²，主要分布于阿巴嘎旗北部、东乌珠穆沁旗西部、锡林浩特市西部和苏尼特草原，表明上述地区草地生产力下降趋势严峻。同期，草地恢复面积 4.14 万 km²，其中显著恢复面积 0.95 万 km²，分布于乌拉盖草原、正蓝旗中部、太仆寺旗和多伦县，表明上述地区草地生产力稳步提升。

通过在旗县尺度统计生产力变化趋势等级得出，阿巴嘎旗、正镶白旗、二连浩特市、苏尼特左旗、东乌珠穆沁旗、镶黄旗、苏尼特右旗和锡林浩特市草地退化严重，尤其阿巴嘎旗和二连浩特市，严重退化草地面积占所在旗草地总面积的 50% 以上，表明 1982—2018 年当地草地生态系统遭到严重破坏，草地原生群落发生改变，草地生产力结构发生变化（图 6-6）。

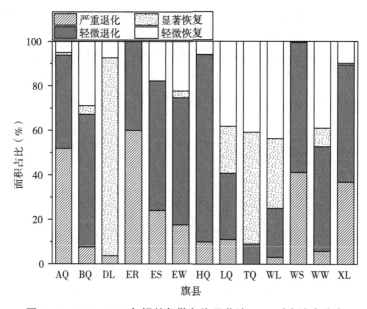

图 6-6 1982—2018 年锡林郭勒各旗县草地 NPP 时空演变分布

6.2.5 草地 NPP 变化驱动力分析

根据表 6-3 中建立的草地生产力变化驱动力评价标准，1982—2018 年，由气候主导的草地退化面积达 12.58 万 km^2，占总草地面积的 70.35%，占草地退化总面积的 88.05%，表明气候变化是导致锡林郭勒草地生产力下降的主要原因。由人类活动主导的草地退化面积 1.70 万 km^2，分布于乌珠穆沁草原中部、苏尼特右旗西部、正镶白旗和正蓝旗东部，草地恢复面积 2.56 万 km^2，分布于乌珠穆沁草原、苏尼特左旗北部，阿巴嘎旗和南部半农半牧旗县，由此可见气候变化是大尺度上决定草地生产力的内在原因，而人类活动则可以促进或缓解草地变化的进程，即当气候条件利于草地恢复时，人类活动会成为缓解草地恢复的次要原因，当气候条件不利于牧草产量增长，导致草地退化时，人类活动则可以促进或缓解草地退化进程。

降水量和温度是影响牧草长势最为关键的两个气候因素。通过在像元尺度提取 NPP 与降水量和温度间的显著偏相关性（$P < 0.05$）可知，在气候变化主导的草地范围内，草地 NPP 与降水量具有显著相关性，1982—2018 年草地 NPP 与降水量的显著正相关面积占气候主导的草地生产力变化面积的 83.69%，而与温度的显著相关面积仅占气候主导草地生产力变化面积的 5.63%，由此可见锡林郭勒草地热量相对较充足，年变率较小，而水分条件年变率较大，使得降水量的年际变化成为导致锡林郭勒草地生产力变化的主要因素。此外，通过在像元尺度提取降水量线性变化趋势可知，1982—2018 年间锡林郭勒降水量呈下降趋势，尤其乌珠穆旗草原东部、正蓝旗南部和多伦县局部地区年均下降达 3mm，符合草地 NPP 在以上区域的变化趋势。

6.3 讨论

本研究采用 AVHRR-NDVI 植被观测数据集，基于 CASA 模型提取了 1982—2018 年锡林郭勒草地 NPP 时空分布特征。虽然已有不少学者基于遥感数据，针对锡林郭勒草地长势开展了动态监测研究，但是大多数以 2000 年作为研究起点，很少涉及自 20 世纪 80 年代或 20 世纪 90 年代的草地植被连续监测。Robinson 等（2017）认为内蒙古草地资源的利用方式在 2000 年前后发生了明显变化，并从政策角度将过去 40 年分为私有化时期（1980—2000 年）和政策主导时期（2000 年至今）。显然过去 40 年锡林郭勒经济得到了稳步发展，同时人与生态环境间的矛盾也越发凸显。因此本研究认为在过去40年的时间尺度上,对草地NPP进行连续动态监测,对于充分反映草地资源生产力特征和研究草地与外界驱动因素间的耦合关系具有重要意义。锡林郭勒盟地处干旱与半干旱地区,特殊的气候条件决定了本地区的主体植被类型是草原。生境条件的空间异质性,使得锡林郭勒草地植被类型繁多,景观多样性丰富。研究结果表明,1982—2018年锡林郭勒年均草地NPP为251.13gC/(m² · a),并在空间上呈自西向东递增分布规律,其中东部草甸草原区,特别是以贝加尔针茅、羊草建群的草地NPP较高,而在以戈壁针茅、沙生针茅等小针茅建群的西部荒漠草原区NPP偏低。这与杨勇等(2015)、汤曾伟等(2018)和王爽等(2021)估算的草地NPP基本吻合,说明本研究获取的草地NPP模拟结果可靠。此外,高清竹(2007)认为海拔、坡度和坡向等地形因素也会对草地NPP的分布产生影响。本研究结果表明除大气候因素外,一些隐域性草地类型,如低湿地草甸和山地草甸NPP显著高于其他类型,表明地形因素通过支配水热供给,最终作用于草地NPP。

根据以往研究,气候变化和人类活动是影响草地长势最为关键的两个驱动因素。有学者认为在一定程度上,气候是影响草地长势变化的内在因素,而人类活动则是促进或缓解草地变化过程的外在驱动力(Zhou et al., 2014)。结果显示1982—2018年气候主导的草地生产力变化面积占总草地面积的76.11%,表明气候因素在锡林郭勒草地NPP变化中起到关键作用。Zhang等(2017)认为气候条件是决定草地植被长势的关键因素,尤其在干旱与半干旱地区,牧草对水热供给具有极强的敏感性。通过对草地NPP与降水量、温度间的偏相关分析可知,草地NPP主要受降水量影响,温度则通过影响降水量来间接作用于草地长势。同样,Zhao等(2018)研究表明2005—2014年锡林郭勒草地NPP与降水量具有显著相关性,与温度相关性不强。1982—2018年锡林郭勒草地降水量年际变化具有轻微下降趋势,局部地区年均下降达3mm,而且在像素尺度、降水量的变化趋势与草地NPP的变化基本吻合。此外,王海梅等(2012)通过分析锡林郭勒境内15个气象站点记录数据发现,1981—2007年间锡林郭勒盟年降水量丰沛年份主要出现在1990年,自2000年以来绝大部分地区年均降水量呈现减少趋势。贺俊杰(2012)通过分析锡林浩特市1961—2010年间降水量年际尺度变化发现,多雨期主要发生于20世纪70年代和20世纪90年代,而少雨期则出现在20世纪60年代和2000年,1999年为50年年降水量变化突变年份,即由1998年的降水量高值转为少雨期。同样,从本研究结果可以得出过去近40

年锡林郭勒草地 NPP 受降水量影响，20 世纪 90 年代多年平均值要明显高于其他时期，而且在 1998 年达到最高值，在 2000 年之后连续多年出现 NPP 低值。由此可见气候变化，尤其是降水量的年际变化是导致锡林郭勒草地生产力变化的主导因素。

放牧是人类利用草地资源的主要方式，也是在大尺度上影响天然草原长势的主要原因。基于生态学中的中度干扰假说，适度放牧可以抑制杂草生长，刺激牧草的分蘖生长，维持草地生态系统的良性发展，而过度放牧则会破坏草地群落结构，降低草地群落生产力，损坏草地土壤生境环境，从而导致草地生态系统的逆向演替（Crime，1973）。畜牧业作为锡林郭勒盟基础性产业，"以草定畜，增草增畜"一直以来是地方政府在草地生态治理方面倡导的基本方针（Xie and Sha，2012；Hoffmann et al.，2016）。虽然受大气候影响，全盟恢复草地面积不断减少，但是由人类活动主导的恢复草地面积占比则不断增加，尤其在东乌珠穆沁旗、西乌珠穆沁旗、锡林浩特市和阿巴嘎旗等牧业旗县，人类活动对草地恢复的贡献率显著增加。这表明近些年由国家和地方政府实施的一系列生态治理工程，如京津风沙源治理工程、退耕还林还草工程、草原生态红线以及草原生态保护补助奖励政策对于控制牲畜数量、遏制过度放牧现象方面起到关键作用（Robinson et al.，2017；Li and Bennett，2019）。但就目前的草地退化趋势来看，近些年由人类活动导致的退化草地面积也呈增加趋势，而且在空间分布上具有明显分布特征，过去 40 年集中出现于乌珠穆沁草原中东部、正蓝旗南部和正镶白旗中部。通过与不同时期高分辨率影像比对发现，这些地区近年来草地开采、开垦现象严重，不仅使得草地大面积流失，还导致周边草地生态系统遭到破坏，草地生产力连年下降，成为草地退化的主要原因。早在 20 世纪 60 年代，农业开垦在乌拉盖草原就已成规模，20 世纪 80 年代以来，开垦现象日益突出，耕地面积不断扩张，导致乌拉盖草地生态系统遭到严重破坏（Batunacun et al.，2018）。此外，自 2000 年以来，地方政府为追求能源产业的发展，引进和建设一批规模以上能源企业，使得草原开采和征占用现象加剧，成为导致草地生产力骤降的主要驱动因素，从本研究结果也可以明显看出，过去 40 年有人类活动主导的草地退化斑块在西乌珠穆沁旗中部白音华矿区具有明显分布。因此地方政府在继续实施草畜平衡政策和生态治理工程的同时，严禁草地非法征占用现象，严惩草地滥采滥垦行为是遏制和逆转草地退化趋势的关键。

6.4 本章小结

本研究利用多源遥感数据结合地面调查资料，基于 CASA 模型获取了 1982—2018 年锡林郭勒不同草地类型和行政区草地 NPP 时空分布数据，并在此基础上，通过获取草地潜在 NPP，建立分析场景定量分析了导致草地 NPP 变化的主导驱动因子，获得如下结论。

（1）1982—2018 年锡林郭勒草地 NPP 多年平均值 251.13gC/(m²·a)，并表现为自西向东递增分布特征。草甸草原、典型草原和荒漠草原年均草地 NPP 分别为 374.15gC/(m²·a)、255.38gC/(m²·a) 和 153.37gC/(m²·a)，其中线叶菊草原年均 NPP 最高，达 423.35gC/(m²·a)，小针茅草原年均 NPP 最低，仅 151.43gC/(m²·a)。变化趋势方面，1982—2018 年草地 NPP 呈略微下降趋势，年际变化率为-0.42gC/(m²·a)，其中草甸草原 NPP 呈上升趋势，年际变化率为 0.26gC/(m²·a)，典型草原和荒漠草原 NPP 呈下降趋势，年际变化率分别为-0.59gC/(m²·a) 和-0.48gC/(m²·a)。

（2）1982—2018 年锡林郭勒草地退化面积 13.75 万 km²，占草地总面积的 76.86%，其中严重退化面积 4.63 万 km²，主要分布于阿巴嘎旗北部、东乌珠穆沁旗西部、锡林浩特市西部和苏尼特草原大部，表明上述地区草地生产力下降趋势严重。同期草地恢复面积 4.14 万 km²，其中显著恢复面积 0.95 万 km²，分布于乌拉盖草原、正蓝旗中部、太仆寺旗和多伦县，表明以上地区草地生产力稳步上升。

（3）1982—2018 年，由气候变化主导的草地退化面积达 12.58 万 km²，占草地总面积的 70.35%，占草地退化总面积的 88.05%，表明气候变化是主导锡林郭勒草地生产力下降的主要原因。在气候因素中，NPP 与降水量具有显著相关性，由此得出降水量的年际变化是导致草地生产力变化的主要原因。

7 结论与展望

7.1 总体结论

本书以锡林郭勒草地作为研究区，利用近40年的多源遥感数据与地面调查资料，针对锡林郭勒草地类型、草地空间格局和草地生产力时空变化信息进行遥感快速识别，定量分析导致上述特征变化的外在驱动力，获得主要结论如下。

(1) 基于中国草地分类系统，根据锡林郭勒草地实际情况和草地遥感分类需求，以草地型的面积和地域代表性作为主要参考，通过归并相似生境条件、相同建群种的草地型，建立适用于中等空间分辨率影像的大尺度草地遥感分类系统。结果显示，基于此分类系统，采用面向对象和随机森林算法的草地平均分类精度达84%，满足大尺度草地遥感快速分类的需求。分类特征重要度方面，光谱特征在区分不同草地类型中具有显著作用，其重要度值最高，其次为位置特征。

(2) 20世纪80年代至21世纪10年代，锡林郭勒主要草地类型的面积、破碎化程度与位置均发生了显著变化。首先，冷蒿（*Artemisia frigida*）草原面积大幅增加，增加量达1.49万 km²，其次，糙隐子草（*Cleistogenes squarrosa*）草原面积增加了0.28万 km²。另外，羊草（*Leymus chinensis*）草原面积大幅减少，减少量达1.08万 km²。景观指数方面，各草地类型斑块数量（NP）和斑块密度（PD）显著增加，表明草地琐碎斑块增多，各类型草地破碎化程度增加。空间偏移方面，过去近40年冷蒿草原偏移幅度最大，向东北偏移100 km，其次为线叶菊草原，向东北偏移90 km。偏移方位方面，贝加尔针茅草原、线叶菊草原、羊草草原、冷蒿草原和小针茅草原向东偏移，典型草原类针茅草原、糙隐子草草原向西偏移。过去近40年驱动锡林郭勒草地类型变化的驱动力依次为：降水量＞牲畜头数变化＞第一产业生产总值变化＞人口数量变化，由此得出水分条件和过度放牧是导致草地类型变化的主要驱动力。

（3）1988 年、1998 年、2008 年和 2018 年，锡林郭勒草地面积分别为 17.60 万 km²、17.66 万 km²、17.63 万 km² 和 17.32 万 km²，约占全盟总面积的 86.00%。1988—2018 年锡林郭勒草地转出面积 1.10 万 km²，其他类型转入草地面积 0.82 万 km²，草地流失面积达 0.28 万 km²。沙地、盐碱地和耕地是草地转出的主要形式，占草地总转出面积的 44.57%、20.69% 和 19.39%，与此同时，来自沙地和盐碱地的转入面积分别占转入草地总面积的 44.22% 和 11.46%，表明沙地、盐碱地治理效果显著，但沙地扩张、草地盐碱化现象依然严重。景观指数方面，锡林郭勒草地斑块密度由 1988 年的 1.84% 上升至 2018 年的 1.99%，草地斑块数量由 1988 年的 3 686 块增加至 2018 年的 3 984 块，表明受外界影响，草地琐碎斑块数量增多；景观均匀度指数仅上升 0.008 1，表明草地优势度较为稳定；蔓延度指数由 1988 年的 80.79 下降至 2018 年的 79.12，表明草地的延展性虽然较好，但景观破碎化依然增加。1988—2018 年，驱动锡林郭勒草地空间格局变化的驱动因子依次为：人口数量变化＞农业生产总值变化＞第三产业生产总值变化＞年均降水量＞年均温度＞工业生产总值变化，表明人类活动因素对草地空间格局变化的驱动作用要大于自然环境因素。

（4）1982—2018 年锡林郭勒草地 NPP 多年平均值为 251.13gC/(m²·a)，并表现为自西向东递增分布特征。草甸草原、典型草原和荒漠草原年均草地 NPP 分别为 374.15gC/(m²·a)、255.38gC/(m²·a) 和 153.37gC/(m²·a)，其中线叶菊草原年均 NPP 最高，达 423.35gC/(m²·a)，小针茅草原年均 NPP 最低，仅 151.43gC/(m²·a)。变化趋势显示，1982—2018 年，草地 NPP 呈略微下降趋势，年际变化率-0.42gC/(m²·a)，其中草甸草原 NPP 呈上升趋势，年际变化率 0.26gC/(m²·a)，典型草原和荒漠草原 NPP 呈下降趋势，年际变化率分别为 -0.59gC/(m²·a) 和 -0.48gC/(m²·a)。1982—2018 年，由气候变化主导的草地退化面积达 12.58 万 km²，占草地总面积的 70.35%，占草地退化总面积的 88.05%，表明气候变化是主导锡林郭勒草地生产力下降的主要原因。在气候因素中，NPP 与降水量具有显著相关性，表明降水量的年际变化是导致草地生产力变化的主要原因。

7.2　展望

草地是一种覆盖面积广、群落结构复杂，对外界干扰极其敏感的生态系统。开展草地资源调查，掌握草地资源属性特征是人类认识和管理草地的基础。遥感技术作为宏观尺度快速获取草地资源的手段，经过多年的发展，已形成较为成熟的技术体系。本研究利用多源遥感数据，采用多种空间统计方法，实现了锡林郭勒草地资源的数量、空间和类型等特征的快速识别。但是在数据源和研究方法上仍然存在一些不足，需要今后进一步研究改善。

（1）本研究使用的30m空间分辨率Landsat影像只适用于大尺度草地斑块识别以及草地类型的分类需求，无法实现小尺度的分类。此外，多光谱相比于高光谱影像，在植被光谱特性的利用方面仍然存在不足，无法满足植被类型的精细化分类需求。综合多光谱、高光谱和高空间分辨率影像开展大尺度草地资源调查将成为今后草地资源调查工作的重点。

（2）基于像素和面向对象的分类方法都有其各自的优缺点。基于像素的分类方法虽然能够实现像素尺度的底层分类，但是无法结合辅助分类信息进行地物分类，而且容易产生因过度分类导致的"椒盐现象"，而面向对象分类方法虽然可以有效避免上述现象，但是很难建立分类对象与草地群落间的对应关系。此外，在定量分析驱动力因子时，如何对选取的潜在因子进行像元尺度的表达，提升其空间描述性仍然需要进一步的研究。

参考文献

巴图娜存，胡云锋，艳燕，等，2012. 1970 年代以来锡林郭勒盟草地资源空间分布格局的变化 [J]. 资源科学，34：1017-1023.

摆万奇，赵士洞，2001. 土地利用变化驱动力系统分析 [J]. 资源科学，23（3）：39-41.

摆万奇，阎建忠，张镱锂，2004. 大渡河上游地区土地利用/土地覆被变化与驱动力分析 [J]. 地理科学进展，23（1）：71-78.

布仁仓，胡远满，常禹，等，2005. 景观指数之间的相关分析 [J]. 生态学报，25（10）：2764-2775.

陈军，陈晋，廖安平，2016. 全球地表覆盖遥感制图 [M]. 北京：科学出版社.

陈全功，卫亚星，1994. 遥感技术在草地资源管理上的应用进展 [J]. 国外畜牧学：草原与牧草，64（1）：1-12.

陈佑启，杨鹏，2001. 国际上土地利用/土地覆盖变化研究的新进展 [J]. 经济地理，21（1）：95-100.

陈云浩，冯通，史培军，等，2006. 基于面向对象和规则的遥感影像分类研究 [J]. 武汉大学学报，31（4）：316-320.

初庆伟，张洪群，吴业炜，等，2013. Landsat-8 卫星数据应用探讨 [J]. 遥感信息，28（4）：110-114.

杜铁瑛，1992. 用综合顺序分类法对青海草地分类的探讨 [J]. 草业科学，9（5）：30-34.

方精云，刘国华，徐嵩龄，1996. 中国陆地生态系统的碳库 [M]//王庚辰，温玉璞. 温室气体浓度和排放监测及相关过程 [C]. 北京：中国环境科学出版社.

冯秀，李元恒，李平，等，2019. 草原生态补奖政策下牧户草畜平衡调控行为研究 [J]. 中国草地学报，41（6）：134-144.

傅伯杰，牛栋，赵士洞，2005. 全球变化与陆地生态系统研究：回顾与展望［J］. 地球科学进展，20（5）：556-560.

刚永和，1994. 乐都县天然草地分类探讨［J］. 青海草业，8（3）：8-12.

高清竹，万运帆，李玉娥，等，2007. 基于 CASA 模型的藏北地区草地植被净第一性生产力及其时空格局［J］. 应用生态学报，18（11）：2526-2532.

郭斌，陈佑启，姚艳敏，等，2008. 土地利用与土地覆被变化驱动力研究综述［J］. 中国农学通报，24（4）：408-414.

郭芬芬，范建容，边金虎，等，2011. 基于 MODIS NDVI 时间序列数据的藏北草地类型识别［J］. 遥感技术与应用，26（5）：821-826.

郭晋平，周志翔，2007. 景观生态学［M］. 北京：中国林业出版社.

韩超峰，陈仲新，2008. LUCC 驱动力模型研究综述［J］. 中国农学通报，24（4）：365-368.

韩建国，1982. 草地学［M］. 北京：中国农业出版社.

何鹏，张会儒，2009. 常用景观指数的因子分析和筛选方法研究［J］. 林业科学研究，22（4）：470-474.

何永海，1988. 锡林郭勒盟的贝加尔针茅（Stipa baicalensis）草原［J］. 内蒙古草业（4）：13.

何永海，1989. 锡林郭勒盟的羊草（Leymus chinensis）草原［J］. 内蒙古草业（1）：6-13.

何云玲，张一平，2006. 云南省自然植被净初级生产力的时空分布特征［J］. 山地学报，24（2）：193-201.

贺俊杰，2012. 锡林浩特市 50 年降水量变化特征分析［J］. 中国农学通报，28（29）：271-278.

胡自治，1994. 草原分类方法研究的新进展国外畜牧学［J］. 草原与牧草（4）：3-11.

贾明明，2014. 1973—2013 年中国红树林动态变化遥感分析［D］. 北京：中国科学院研究生院（东北地理与农业生态研究所）.

贾慎修，1980. 中国草原类型分类的商讨［J］. 中国草原（1）：2-14.

姜广辉，张凤荣，陈军伟，等，2007. 基于 Logistic 回归模型的北京山区农村居民点变化的驱动力分析［J］. 农业工程学报，23（5）：81-87.

姜晔，毕晓丽，黄建辉，等，2010. 内蒙古锡林河流域植被退化的格局

及驱动力分析 [J]. 植物生态学报, 34 (10)：1132-1141.

焦思颖, 2019. 深化改革为生态文明建设夯实基础性制度——自然资源部综合司负责人解读《关于统筹推进自然资源资产产权制度改革的指导意见》[J]. 国土资源, 4 (3)：32-35.

鞠洪润, 左丽君, 张增祥, 等, 2020. 中国土地利用空间格局刻画方法研究 [J]. 地理学报, 75 (1)：145-161.

赖晨曦, 闫慧敏, 杜文鹏, 等, 2019. 全球土地覆被数据集中哈萨克斯坦草地分布的异同及其成因 [J]. 地球信息科学学报, 21 (3)：372-383.

冷若琳, 2020. 基于机器学习的祁连山草地植被覆盖度遥感估算研究 [D]. 兰州：兰州大学.

李博, 1997. 中国北方草地退化及其防治对策 [J]. 中国农业科学, 30 (6)：1-9.

李传华, 孙皓, 王玉涛, 等, 2020. 基于机器学习估算青藏高原多年冻土区草地净初级生产力 [J]. 生态学杂志, 39 (5)：338-348.

李纯斌, 2012. 草原综合顺序分类系统第二级亚类的定量化研究 [D]. 兰州：甘肃农业大学.

李刚, 辛晓平, 王道龙, 等, 2007. 改进 CASA 模型在内蒙古草地生产力估算中的应用 [J]. 生态学杂志, 26 (12)：2100-2106.

李贵才, 2004. 基于 MODIS 数据和光能利用率模型的中国陆地净初级生产力估算研究 [D]. 北京：中国科学院遥感应用研究所.

李建龙, 任继周, 1996. 草地遥感应用动态与研究进展 [J]. 草业科学, 13 (1)：55-60.

李建龙, 王建华, 1998a. 我国草地遥感技术应用研究进展与前景展望 [J]. 遥感技术与应用, 13 (2)：64-67.

李建龙, 蒋平, 梁天刚, 1998b. 我国草地遥感科学发展的轨迹, 内涵及展望 [J]. 中国草地 (3)：53-56.

李建平, 赵江洪, 张柏, 2006. 松嫩平原草地时空动态与景观空间格局变化研究 [J]. 中国草地学报, 28 (2)：7-12.

李景平, 刘桂香, 马治华, 等, 2006. 荒漠草原景观格局分析——以苏尼特右旗荒漠草原为例 [J]. 中国草地学报, 28 (5)：81-85.

李晓兵, 史培军, 1999. 基于 NOAA/AVHRR 数据的中国主要植被类型 NDVI 变化规律研究 [J]. 植物学报, 41 (3)：314-324.

李政海，裴浩，1994. 羊草草原退化群落恢复演替的研究 [J]. 内蒙古
　　大学学报，25（1）：88-98.

李治，杨晓梅，孟樊，等，2013. 物候特征辅助下的随机森林宏观尺度
　　土地覆盖分类方法研究 [J]. 遥感信息，28（6）：48-55.

梁顺林，李小文，王锦地，2013. 定量遥感：理论与算法 [M]. 北京：
　　科学出版社.

梁天刚，冯琦胜，黄晓东，等，2011. 草原综合顺序分类系统研究进展
　　[J]. 草业学报，20（5）：252-258.

廖国藩，苏大学，田效文，等，1986. 草场资源考察三十年 [J]. 资源
　　科学（3）：85-87.

廖顺宝，秦耀辰，2014. 草地理论载畜量调查数据空间化方法及应用
　　[J]. 地理研究，33（1）：179-190.

蔺卿，罗格平，陈曦，2005. LUCC 驱动力模型研究综述 [J]. 地理科
　　学进展，24（5）：79-87.

刘爱军，王晶杰，韩建国，2007. 锡林郭勒草原地上净第一性生产力遥
　　感反演方法初探 [J]. 中国草地学报，29（1）：31-38.

刘富渊，李增元，1991. 草地资源遥感调查方法的研究 [J]. 草地学
　　报，1（1）：44-51.

刘桂香，2004. 基于 3S 技术的锡林郭勒草原时空动态研究 [D]. 呼和
　　浩特：内蒙古农业大学.

刘海江，尹思阳，孙聪，等，2015. 2000—2010 年锡林郭勒草原 NPP 时
　　空变化及其气候响应 [J]. 草业科学，32（11）：1709-1720.

刘纪远，布和敖斯尔，2000. 中国土地利用变化现代过程时空特征的研
　　究——基于卫星遥感数据 [J]. 第四纪研究，20（3）：229.

刘纪远，匡文慧，张增祥，等，2014. 20 世纪 80 年代末以来中国土地
　　利用变化的基本特征与空间格局 [J]. 地理学报，69（1）：5-16.

刘瑞，朱道林，2010. 基于转移矩阵的土地利用变化信息挖掘方法探讨
　　[J]. 资源科学，32（8）：1544-1550.

刘盛和，何书金，2002. 土地利用动态变化的空间分析测算模型 [J].
　　自然资源学报，17（5）：533-540.

刘新卫，陈百明，史学正，2004. 国内 LUCC 研究进展综述 [J]. 土壤，
　　36（2）：132-135.

柳小妮，张德罡，王红霞，等，2019. 基于 GIS 的中国两大草地分类系

统类的兼容性分析 [J]. 草业学报, 28 (6): 1-18.

娄佩卿, 付波霖, 刘海新, 等, 2019. 锡林郭勒盟草地生态系统服务功能价值动态估算 [J]. 生态学报, 39 (11): 3837-3849.

路云阁, 蔡运龙, 许月卿, 2006. 走向土地变化科学——土地利用/覆被变化研究的新进展 [J]. 中国土地科学, 20 (1): 55-61.

马慧娟, 高小红, 谷晓天, 2019. 随机森林方法支持的复杂地形区土地利用/土地覆被分类研究 [J]. 地球信息科学学报, 21 (3): 59-71.

马梅, 张圣微, 魏宝成, 2017. 锡林郭勒草原近 30 年草地退化的变化特征及其驱动因素分析 [J]. 中国草地学报, 39 (218): 88-95.

马维维, 2015. 草地类型及其品质参数的遥感反演方法研究 [D]. 北京: 中国科学院研究生院 (上海技术物理研究所).

马轩龙, 李文娟, 陈全功, 2009. 基于 GIS 与草原综合顺序分类法对甘肃省草地类型的划分初探 [J]. 草业科学, 26 (5): 7-13.

满卫东, 刘明月, 王宗明, 等, 2020. 1990—2015 年东北地区草地变化遥感监测研究 [J]. 中国环境科学, 40 (5): 393-400.

孟宝平, 2018. 基于 UAV 和机器学习方法的甘南地区高寒草地地上生物量遥感估测研究 [D]. 兰州: 兰州大学.

牟新待, 1984. 遥感技术在草原资源调查和管理中应用的展望 [J]. 中国草原与牧草, 1 (2): 57-61.

穆少杰, 李建龙, 杨红飞, 等, 2013. 内蒙古草地生态系统近 10 年 NPP 时空变化及其与气候的关系 [J]. 草业学报, 22 (3): 6-15.

彭建, 王仰麟, 张源, 等, 2006. 土地利用分类对景观格局指数的影响 [J]. 地理学报, 61 (2): 157-168.

钱育蓉, 于炯, 贾振红, 等, 2013. 基于决策树的典型荒漠草地遥感分类策略 [J]. 西北农林科技大学学报, 41 (2): 159-166.

任继周, 2008. 分类、聚类与草原类型 [J]. 草地学报, 16 (1): 4-10.

任继周, 2015. 草地生态生产力的界定及其伦理学诠释 [J]. 草业学报, 24 (1): 1-3.

任继周, 胡自治, 牟新待, 等, 1980. 草原的综合顺序分类法及其草原发生学意义 [J]. 中国草原 (1): 11-38.

沈海花, 朱言坤, 赵霞, 等, 2016. 中国草地资源的现状分析 [J]. 科学通报, 61 (2): 139-154.

石瑞香，唐华俊，2006. 锡林郭勒盟牧草长势监测及其与气候的关系 [J]. 中国农业资源与区划，27（1）：35.

史娜娜，肖能文，王琦，等，2019. 锡林郭勒植被 NDVI 时空变化及其驱动力定量分析 [J]. 植物生态学报，43（4）：331-341.

宋杨，李长辉，林鸿，2012. 面向对象的 eCognition 遥感影像分类识别技术应用 [J]. 地理空间信息，10（2）：64-66.

苏大学，1994. 中国草地资源的区域分布与生产力结构 [J]. 草地学报，2（1）：71-77.

苏大学，1996a. 1∶1 000 000 中国草地资源图的编制与研究 [J]. 自然资源学报，11（1）：75-83.

苏大学，1996b. 1∶400 万中国草地资源图的编制 [J]. 草地学报，4（4）：252-259.

苏大学，刘建华，等，2005. 中国草地资源遥感快查技术方法的研究 [J]. 草地学报，13（z1）：4-9.

孙成明，陈瑛瑛，武威，等，2013. 基于气候生产力模型的中国南方草地 NPP 空间分布格局研究 [J]. 扬州大学学报（农业与生命科学版），34（4）：56-61.

汤曾伟，王宏，李晓兵，等，2018. 锡林郭勒盟 2006—2015 年植被 NPP 变化分析 [J]. 草业科学，35（12）：2812-2821.

田育红，刘鸿雁，2003. 草地景观生态研究的几个热点问题及其进展 [J]. 应用生态学报，14（3）：427-433.

王海梅，李政海，韩经纬，2012. 锡林郭勒草原区降水量的时空变化规律分析 [J]. 干旱区资源与环境，26（6）：24-27.

王宏志，李仁东，毋河海，2002. 土地利用动态度双向模型及其在武汉郊县的应用 [J]. 国土资源遥感，14（2）：20-22.

王树根，1998. Landsat 系统回顾与展望 [J]. 测绘信息与工程，1：1-6.

王爽，李庆旭，张彪，2021. 锡林郭勒盟净初级生产力时空变化及其气候影响 [J]. 生态学杂志，40（3）：825-834.

王思远，刘纪远，张增祥，等，2001. 中国土地利用时空特征分析 [J]. 地理学报，56（6）：631-639.

王炜，刘钟龄，1996. 内蒙古草原退化群落恢复演替的研究：I. 退化草原的基本特征与恢复演替动力 [J]. 植物生态学报，20（5）：

449-459.

卫亚星，王莉雯，2010. 净初级生产力遥感估算模型尺度效应的研究 [J]. 资源科学，29（9）：1783-1791.

邬建国，2007. 景观生态学：格局，过程，尺度与等级 [M]. 北京：高等教育出版社.

邬亚娟，刘廷玺，童新，等，2020. 基于长时间序列 Landsat 数据的科尔沁沙地土地利用演变分析 [J]. 生态学报，40（23）：301-311.

吴波，慈龙骏，2001. 毛乌素沙地景观格局变化研究 [J]. 生态学报，21（2）：191-196.

肖鹏峰，刘顺喜，冯学智，等，2004. 中分辨率遥感图像土地利用与覆被分类的方法及精度评价 [J]. 国土资源遥感，16（4）：41-45.

谢高地，张钇锂，鲁春霞，等，2001. 中国自然草地生态系统服务价值 [J]. 自然资源学报，16（1）：47-53.

修晓敏，周淑芳，陈黔，等，2019. 基于 Google Earth Engine 与机器学习的省级尺度零散分布草地生物量估算 [J]. 测绘通报，504（3）：50-56.

徐大伟，2019. 呼伦贝尔草原区不同草地类型分布变化及分析 [D]. 北京：中国农业科学院.

徐广才，康慕谊，李亚飞，2011. 锡林郭勒盟土地利用变化及驱动力分析 [J]. 资源科学，33（4）：690-697.

许鹏，1985. 中国草地分类原则与系统的讨论 [J]. 四川草原（3）：1-7.

严建武，李春娥，袁雷，等，2008. EOS-MODIS 数据在草地资源监测中的应用进展综述 [J]. 草业科学，25（4）：1-9.

杨梅，2011. 基于综合顺序分类法的甘南草原亚类划分 [D]. 兰州：西北师范大学.

杨勇，李兰花，王保林，等，2015. 基于改进的 CASA 模型模拟锡林郭勒草原植被净初级生产力 [J]. 生态学杂志，34（8）：2344-2352.

于海达，杨秀春，徐斌，等，2012. 草原植被长势遥感监测研究进展 [J]. 地理科学进展，31（7）：885-894.

于皓，2018. 基于光学和雷达影像的吉林省西部草地退化评价 [D]. 北京：中国科学院大学.

张靓，曾辉，2015. 基于 MODIS 数据的内蒙古土地利用/覆被变化研究

[J]. 干旱区资源与环境, 29 (1): 31-36.

张永亮, 魏绍成, 1990. 用综合顺序分类法对内蒙古草原分类的研究 [J]. 中国草地 (5): 14-20.

张玉娟, 2015. 典型草原退化演替中植被——土壤特征变化及化感影响机制研究 [D]. 北京: 中国农业大学.

张增祥, 汪潇, 温庆可, 等, 2016. 土地资源遥感应用研究进展 [J]. 遥感学报, 20 (5): 1243-1258.

张正健, 李爱农, 雷光斌, 等, 2014. 基于多尺度分割和决策树算法的山区遥感影像变化检测方法——以四川攀西地区为例 [J]. 生态学报, 34 (24): 79-89.

赵登亮, 刘钟龄, 杨桂霞, 等, 2010. 放牧对克氏针茅草原植物群落与种群格局的影响 [J]. 草业学报, 19 (3): 6-13.

赵同谦, 欧阳志云, 贾良清, 等, 2004. 中国草地生态系统服务功能间接价值评价 [J]. 生态学报, 24 (6): 1101-1110.

赵英时, 2003. 遥感应用分析原理与方法 [M]. 北京: 科学出版社.

中国科学院内蒙古宁夏综合考察队, 1985. 内蒙古植被 [M]. 北京: 科学出版社.

中国网草原频道, [2020-12-05]. 锡林郭勒盟加大防沙治沙力度构筑生态安全屏障 [J/OL]. http://grassland.china.com.cn/2019-04/11/content_40716187.html.

中华人民共和国农业部畜牧兽医局, 全国畜牧兽医总站, 1996. 中国草地资源 [M]. 北京: 中国科学技术出版社.

周广胜, 张新时, 1995. 自然植被净第一性生产力模型初探 [J]. 植物生态学报, 19 (3): 193-200.

周磊, 辛晓平, 李刚, 等, 2009. 高光谱遥感在草原监测中的应用 [J]. 草业科学, 26 (4): 20-27.

朱文泉, 潘耀忠, 张锦水, 2007. 中国陆地植被净初级生产力遥感估算 [J]. 植物生态学报, 31 (3): 413-424.

朱晓昱, 2020. 呼伦贝尔草原区土地利用时空变化及驱动力研究 [D]. 北京: 中国农业科学院.

朱志辉, 1993. 自然植被净第一性生产力估计模型 [J]. 科学通报, 38 (15): 1422-1426.

邹亚荣, 张增祥, 周全斌, 等, 2003. 遥感与 GIS 支持下近十年中国草地变化空间格局分析 [J]. 遥感学报, 7 (5)：428-432.

AKIYAMA T, KAWAMURA K, 2007. Grassland degradation in China：methods of monitoring, management and restoration [J]. Grassland Science, 53 (1)：1-17.

AKRITAS M G, MURPHY S A, LAVALLEY M P, 1995. The Theil-Sen estimator with doubly censored data and applications to astronomy [J]. Journal of the American Statistical Association, 90 (429)：170-177.

ALI I, CAWKWELL F, GREEN S, et al., 2014. Application of statistical and machine learning models for grassland yield estimation based on a hypertemporal satellite remote sensing time seriess [J]. In Proceedings of the IEEE International Geoscience and Remote Sensing Symposium (IGARSS 2014). Quebec City, QC, Canada：5060-5063.

ALI I, GREIFENEDER F, STAMENKOVIC J, et al., 2015. Review of machine learning approaches for biomass and soil moisture retrievals from remote sensing data [J]. Remote Sensing, 7 (12)：16398-16421.

ALI I, CAWKWELL F, DWYER E, et al., 2016. Satellite remote sensing of grasslands：from observation to management—a review [J]. Journal of Plant Ecology, 9 (6)：649-671.

BAEZA S, PARUELO J M, 2020. Land use/land cover change (2000—2014) in the Rio de la Plata grasslands：an analysis based on MODIS NDVI time series [J]. Remote Sensing, 12 (3)：381.

BALDI G, PARUELO J M, 2008. Land-use and land cover dynamics in South American temperate grasslands [J]. Ecology and Society, 13 (2)：6.

BATUNACUN, NENDEL C, HU Y, et al., 2018. Land-use change and land degradation on the Mongolian Plateau from 1975 to 2015-A case study from Xilingol, China [J]. Land Degradation & Development, 29 (6)：1595-1606.

BECK H E, MCVICAR T R, DIJK A, et al., 2011. Global evaluation of four AVHRR-NDVI data sets：intercomparison and assessment against Landsat imagery [J]. Remote Sensing of Environment, 115 (10)：2547-2563.

BERHANE T M, LANE C R, WU Q S, et al., 2018. Decision-tree,

rule-based, and random forest classification of high-resolution multispectral imagery for wetland mapping and inventory [J]. Remote Sensing, 10 (4): 580.

BREIMAN L, 2001. Random forests [J]. Machine Learning, 45: 5-32.

BRENNER J C, CHRISTMAN Z, ROGAN J, 2012. Segmentation of landsat thematic mapper imagery improves buffelgrass (Pennisetum ciliare) pasture mapping in the sonoran desert of Mexico [J]. Applied Geography, 34: 569-575.

CHEN T, BAO A, JIAPAER G, et al., 2019. Disentangling the relative impacts of climate change and human activities on arid and semiarid grasslands in central Asia during 1982—2015 [J]. Science of The Total Environment, 653: 1311-1325.

CONANT R T, 2010. Challenges and opportunities for carbon sequestration in grassland systems [J]. Integrated Crop Management, 9: 3-5.

CRIME J P, 1973. Competitive exclusion in herbaceous vegetation [J]. Nature, 242: 344-347.

CURTIS L F, 1978. Remote sensing systems for monitoring crops and vegetation [J]. Progress in Physical Geography, 2 (1): 55-79.

DALE M R T, 1999. Spatial pattern analysis in plant ecology [M]. Cambridge: Cambridge University Press.

DIXON A P, BER - LANGENDOEN D F, JOSSE C, et al., 2014. Distribution mapping of world grassland types [J]. Journal of Biogeography, 41 (11): 2003-2019.

DURO D C, FRANKLIN S E, DUBé M G, 2012. A comparison of pixel-based and object-based image analysis with selected machine learning algorithms for the classification of agricultural landscapes using SPOT-5 HRG imagery [J]. Remote Sensing of Environment, 118 (6): 259-272.

EISAVI V, HOMAYOUNI S, YAZDI A M, et al., 2015. Land cover mapping based on random forest classification of multitemporal spectral and thermal images [J]. Environ Monit Assess, 187 (5): 291.

FIELD C B, RANDERSON J T, MALMSTROM C M, 1995. Global net primary production: combining ecology and remote sensing [J]. Remote

Sensing of Environment, 51: 74-88.

FORKEL M, CARVALHAIS N, VERBESSELT J, et al., 2013. Trend change detection in NDVI time series: Effects of inter-annual variability and methodology [J]. Remote Sensing, 5 (5): 2113-2144.

FRANCH B, VERMOTE E F, ROGER J C, et al., 2017. A 30+year avhrr land surface reflectance climate data record and its application to wheat yield monitoring [J]. Remote Sensing, 9 (3): 296.

GAO F, MASEK J, SCHWALLER M, et al., 2006. On the blending of the Landsat and MODIS surface reflectance: predicting daily Landsat surface reflectance [J]. IEEE Transactions on Geoscience and Remote Sensing, 44 (8): 2207-2218.

GIBSON D J, 2009. Grasses and grassland ecology [M]. New York: Oxford University Press.

GILL R A, KELLY R H, PARTON W J, et al., 2002. Using simple environmental variables to estimate belowground productivity in grasslands [J]. Global Ecology & Biogeography, 11 (11): 79-86.

GIRI C, ZHU Z, REED B, 2005. A comparative analysis of the Global Land Cover 2000 and MODIS land cover data sets [J]. Remote Sensing of Environment, 94 (1): 123-132.

GU Y, BROWN J, MIURA T, et al., 2010. Phenological classification of the United States: a geographic framework for extending multi-sensor time-series data [J]. Remote Sensing, 2 (2): 526-544.

HOFFMANN C, GIESE M, DICKHOEFER U, et al., 2016. Effects of grazing and climate variability on grassland ecosystem functions in Inner Mongolia: synthesis of a 6-year grazing experiment [J]. Journal of Arid Environments, 135: 50-63.

HU Y F, HU Y, 2019. Land cover changes and their driving mechanisms in central Asia from 2001 to 2017 supported by google earth engine [J]. Remote Sensing, 11 (5): 15.

HUANG C, GEIGER E L, LEEUWEN W J D V, et al., 2009. Discrimination of invaded and native species sites in a semi-desert grassland using MODIS multi - temporal data [J]. International Journal of Remote Sensing, 30 (3-4): 897-917.

HUBERT—MOY L, THIBAULT J, FABRE E, et al., 2019. Mapping grass-land frequency using decadal MODIS 250m time—series: towards a nation-al inventory of semi—natural grasslands [J]. Remote Sensing, 11 (24): 3041.

JADHAV R N, KIMOTHI M M, KANDYA A K, 2007. Grassland mapping/monitoring of Banni, Kachchh (Gujarat) using remotely – sensed data [J]. International Journal of Remote Sensing, 14 (17): 3093-3103.

JIN Y, LIU X, CHEN Y, et al., 2018. Land—cover mapping using random forest classification and incorporating NDVI time – series and texture: a case study of central Shandong [J]. International Journal of Remote Sens-ing, 39 (23): 8703-8723.

LI D J, XU D Y, WANG Z Y, et al., 2018. The dynamics of sand—stabili-zation services in Inner Mongolia, China from 1981 to 2010 and its rela-tionship with climate change and human activities [J]. Ecological Indica-tors, 88: 351-360.

LI J, LI Y F, HE L, et al., 2020a. Spatio—temporal fusion for remote sens-ing data: an overview and new benchmark [J]. Science China Informa-tion Sciences, 63 (4): 1711-1722.

LI J L, LIANG T G, CHEN Q G, 2010. Estimating grassland yields using remote sensing and GIS technologies in China [J]. New Zealand Journal of Agricultural Research, 41 (1): 31-38.

LI K, FENG M, BISWAS A, et al., 2020b. Driving factors and future pre-diction of land use and cover change based on satellite remote sensing data by the LCM model: a case study from Gansu province, China [J]. Sen-sors (Basel), 20 (10): 14.

LI P, BENNETT J, 2019. Understanding herders' stocking rate decisions in response to policy initiatives [J]. Science of The Total Environment, 672: 141-149.

LI X B, LI G Q, WANG H, et al., 2015. Influence of meadow changes on net primary productivity: a case study in a typical steppe area of Xilingol of Inner Mongolia in China [J]. Geoscience Journal, 19 (3): 561-573.

LIETH H, WHITTAKER R H, 1975. Modeling the primary productivity of the world [M]. New York: Springer-Verlag: 238-261.

LIETH H, BOX E, 1972. Evapotranspiration and primary productivity: C. W. thornthwaite memorial model [J]. Publications in Climatology, 25 (2): 37-46.

LIU Y, GONG W, HU X, et al., 2018. Forest type identification with random forest using sentinel-1A, sentinel-2A, multi-temporal Landsat-8 and DEM data [J]. Remote Sensing, 10 (6): 17.

LIU Y, WANG Q, ZHANG Z, et al., 2019. Grassland dynamics in responses to climate variation and human activities in China from 2000 to 2013 [J]. Science of The Total Environment, 690: 27-39.

LOS S O, JUSTICE C O, TUCKER C J, 1994. A global 1° by 1° NDVI data set for climate studies derived from the GIMMS continental NDVI data [J]. International Journal of Remote Sensing, 15 (17): 3493-3518.

LU D, WENG Q, 2007. A survey of image classification methods and techniques for improving classification performance [J]. International Journal of Remote Sensing, 28 (5/6): 823-870.

MA Y, FAN S, ZHOU L, et al., 2006. The temporal change of driving factors during the course of land desertification in arid region of North China: the case of Minqin county [J]. Environmental Geology, 51 (6): 999-1008.

MANSOUR K, MUTANGA O, EVERSON T, et al., 2012. Discriminating indicator grass species for rangeland degradation assessment using hyperspectral data resampled to AISA eagle resolution [J]. ISPRS Journal of Photogrammetry and Remote Sensing, 70: 56-65.

MELVILLE B, LUCIEER A, ARYAL J, 2018. Object-based random forest classification of Landsat ETM+ and World View-2 satellite imagery for mapping lowland native grassland communities in Tasmania, Australia [J]. International Journal of Applied Earth Observation Geoinformation, 66: 46-55.

MILITINO A, MORADI M, UGARTE M, 2020. On the performances of trend and change-point detection methods for remote sensing data [J]. Remote Sensing, 12 (6): 18-20.

MOREAU S, LE TOAN T, 2003. Biomass quantification of andean wetland forages using ERS satellite SAR data for optimizing livestock management [J]. Remote Sensing of Environment, 84 (4): 477-492.

MUÑOZ SABATER J, 2019. ERA5-Land monthly averaged data from 1981 to present [J]. Copernicus Climate Change Service (C3S) Climate Data Store (CDS). 12 (2): 16.

MUTANGA O, KUMAR L, 2019. Google earth engine applications [J]. Remote Sensing, 11 (5): 591.

NAN Z, 2005. The grassland farming system and sustainable agricultural development in China [J]. Blackwell Science Pty, 51 (1): 15-19.

NITZE I, BARRETT B, CAWKWELL F, 2015. Temporal optimisation of image acquisition for land cover classification with random forest and MODIS time-series [J]. International Journal of Applied Earth Observations Geoinformation, 34: 136-146.

PARENTE L, FERREIRA L, FARIA A, et al., 2017. Monitoring the brazilian pasturelands: a new mapping approach based on the landsat 8 spectral and temporal domains [J]. International Journal of Applied Earth Observation Geoinformation, 62: 135-143.

PETTITT A N, 1979. A non-parametric approach to the change-point problem [J]. Journal of the Royal Statistical Society, 28 (2): 126-135.

POTTER C S, RANDERSON J T, FIELD C B, et al., 1993. Terrestrial ecosystem production: a process model based on global satellite and surface data [J]. Global Biogeochemical Cycles, 7 (4): 811-841.

PRINCE S D, 1990. Satellite remote sensing of primary production in the Sahel using NOAA AVHRR 1981—1988 [J]. Proceedings of SPIE-The International Society for Optical Engineering, 1300: 36-47.

PRINCE S D, GOWARD S N, 1995. Global primary production: a remote sensing approach [J]. Journal of Biogeography, 22 (4/5): 22.

RAPINEL S, MONY C, LECOQ L, et al., 2019. Evaluation of sentinel-2 time-series for mapping floodplain grassland plant communities [J]. Remote Sensing of Environment, 223: 115-129.

REINERMANN S, ASAM S, KUENZER C, 2020. Remote sensing of grassland production and management—a review [J]. Remote Sensing, 12 (12): 30.

ROBINSON B E, LI P, HOU X, 2017. Institutional change in social-ecological systems: the evolution of grassland management in Inner Mongolia [J]. Global Environmental Change, 47: 64-75.

RUIMY A, SAUGIER B, DEDIEU G, 1994. Methodology for the estimation of terrestrial net primary production from remotely sensed data [J]. Journal of Geophysical Research Atmospheres, 99 (D3): 5263-5283.

SCHLESINGER W H, 2003. Carbon balance in terrestrial detritus [J]. Annual Review of Ecology and Systematics, 8 (1): 51-81.

SHA Z, BAI Y, XIE Y, et al., 2008. Using a hybrid fuzzy classifier (HFC) to map typical grassland vegetation in Xilin River Basin, Inner Mongolia, China [J]. International Journal of Remote Sensing, 29 (8): 2317-2337.

SINCLAIR T R, PARK W I, 1993. Inadequacy of the liebig limiting-factor paradigm for explaining varying crop yields [J]. Agronomy Journal, 85 (3): 742-746.

SUN B, LI Z, GAO Z, et al., 2017. Grassland degradation and restoration monitoring and driving forces analysis based on long time-series remote sensing data in Xilingol league [J]. Acta Ecologica Sinica, 37 (4): 219-228.

SUWANDANA E, KAWAMURA K, SAKUNO Y, et al., 2012. Evaluation of ASTER GDEM2 in comparison with GDEM1, SRTM DEM and Topographic-Map-Derived DEM using inundation area analysis and RTK-dGPS data [J]. Remote Sensing, 4 (8): 2419-2431.

TASSI A, VIZZARI M, 2020. Object-Oriented LULC classification in google earth engine combining SNIC, GLCM, and machine learning algorithms [J]. Remote Sensing, 12 (22): 3776.

TIAN S, ZHANG X, TIAN J, et al., 2016. Random forest classification of wetland landcovers from multi-sensor data in the arid region of Xinjiang, China [J]. Remote Sensing, 8 (11): 44.

TOIVONEN T, LUOTO M, 2010. Landsat TM images in mapping of semi-natural grasslands and analyzing of habitat pattern in an agricultural landscape in south-west Finland [J]. Fennia, 181 (1): 49-67.

TOVAR C, SEIJMONSBERGEN A C, DUIVENVOORDEN J F,

2013. Monitoring land use and land cover change in mountain regions: an example in the Jalca grasslands of the Peruvian Andes [J]. Landscape and Urban Planning, 112: 40-49.

TUCKER C J, VANPRAET C L, SHARMAN M J, et al., 1985. Satellite remote sensing of total herbaceous biomass production in the Senegalese Sahel [J]. Remote Sensing of Environment, 17 (3): 233-249.

UCHIJIMA Z, NUNEZ M, 1985. Agroclimatic evaluation of net primary productivity of nature vegetation (1) Chikugo model for evaluating primary productivity [J]. Journal of Agricultural Meteorology, 40: 342-352.

VERMOTE E, JUSTICE C, CSISZAR I, et al., [2020-12-02]. Martin Claverie and NOAA CDR program: NOAA climate data record (CDR) of normalized difference vegetation index (NDVI), version 5 [J/OL]. https://www.ncei.noaa.gov/metadata/geoportal/rest/metadata/item/gov.noaa.ncdc: C01558/html.

VESCOVO L, GIANELLE D, 2008. Using the MIR bands in vegetation indices for the estimation of grassland biophysical parameters from satellite remote sensing in the Alps region of Trentino (Italy) [J]. Advances in Space Research, 41 (11): 1764-1772.

WU X H, LI P, JIANG C, et al., 2014. Climate changes during the past 31 years and their contribution to the changes in the productivity of rangeland vegetation in the Inner Mongolian typical steppe [J]. The Rangeland Journal, 36 (6): 519-526.

XIAO X M, ZHANG Q Y, SALESKA S, et al., 2005. Satellite-based modeling of gross primary production in a seasonally moist tropical evergreen forest [J]. Remote Sensing of Environment, 94 (1): 105-122.

XIE Y, SHA Z, 2012. Quantitative analysis of driving factors of grassland degradation: a case study in Xilin River Basin, Inner Mongolia [J]. Scientific World Journal, 2012: 169724.

XIE Y, SHA Z, YU M, et al., 2009. A comparison of two models with Landsat data for estimating above ground grassland biomass in Inner Mongolia, China [J]. Ecological Modelling, 220 (15): 1810-1818.

XU B, YANG X, TAO W, et al., 2007. Remote sensing monitoring upon the grass production in China [J]. Acta Ecologica Sinica, 27 (2):

405-413.

XU B, YANG X C, TAO W G, et al., 2010a. MODIS-based remote sensing monitoring of grass production in China [J]. International Journal of Remote Sensing, 29 (17-18): 5313-5327.

XU D, KANG X, LIU Z, et al., 2009. Assessing the relative role of climate change and human activities in sandy desertification of Ordos region, China [J]. Science in China Series D: Earth Sciences, 52 (6): 855-868.

XU D, CHEN B, SHEN B, et al., 2018. The classification of grassland types based on object-based image analysis with multisource data [J]. Rangeland Ecology Management, 72: 318-326.

XU D Y, KANG X W, ZHUANG D F, et al., 2010b. Multi-scale quantitative assessment of the relative roles of climate change and human activities in desertification - a case study of the Ordos Plateau, China [J]. Journal of Arid Environments, 74 (4): 498-507.

YANG X, XU B, JIN Y, et al., 2012. On grass yield remote sensing estimation models of China's northern farming-pastoral ecotone [M]. Berlin: Springer.

YANG Y, WANG Z, LI J, et al., 2016. Comparative assessment of grassland degradation dynamics in response to climate variation and human activities in China, Mongolia, Pakistan and Uzbekistan from 2000 to 2013 [J]. Journal of Arid Environments, 135: 164-172.

YU L, ZHOU L, LIU W, et al., 2010. Using remote sensing and GIS technologies to estimate grass yield and livestock carrying capacity of alpine grasslands in Golog Prefecture, China [J]. Pedosphere, 20: 342-351.

ZENG N, REN X, HE H, et al., 2019. Estimating grassland aboveground biomass on the Tibetan Plateau using a random forest algorithm [J]. Ecological Indicators, 102: 479-487.

ZHANG M, LAL R, ZHAO Y, et al., 2017. Spatial and temporal variability in the net primary production of grassland in China and its relation to climate factors [J]. Plant Ecology, 218 (8): 1117-1133.

ZHANG Y, WANG Q, WANG Z, et al., 2020. Impact of human activities and climate change on the grassland dynamics under different regime policies in the Mongolian Plateau [J]. Science of the Total Environment, 698: 134304.

ZHAO F, XU B, YANG X C, et al., 2014. Remote sensing estimates of grassland aboveground biomass based on MODIS net primary productivity (NPP): a case study in the Xilingol grassland of northern China [J]. Remote Sensing, 6 (6): 5368-5386.

ZHAO F, XU B, YANG X C, et al., 2018. Modelling and analysis of net primary productivity and its response mechanism to climate factors in temperate grassland, northern China [J]. International Journal of Remote Sensing, 40: 2259-2277.

ZHOU W, GANG C, ZHOU L, et al., 2014. Dynamic of grassland vegetation degradation and its quantitative assessment in the northwest China [J]. Acta Oecologica, 55: 86-96.

ZHOU W, YANG H, HUANG L, et al., 2017. Grassland degradation remote sensing monitoring and driving factors quantitative assessment in China from 1982 to 2010 [J]. Ecological Indicators, 83: 303-313.

ZHU X, CHEN J, GAO F, et al., 2010. An enhanced spatial and temporal adaptive reflectance fusion model for complex heterogeneous regions [J]. Remote Sensing of Environment, 114 (11): 2610-2623.

附录一 锡林郭勒草原各草地组、型面积统计

　　根据农业部（现称农业农村部）畜牧局和全国畜牧兽医总站统一部署，锡林郭勒盟草原工作站会同有关单位，按照《全国重点牧区草场资源调查大纲和技术规范》的要求，在1981—1986年以旗县为单位，对全盟草地资源开展了详细的摸底调查，形成了包括《锡林郭勒草地资源》在内的宝贵调查成果资料，为后来草地资源调查工作的开展提供了宝贵资料和技术参考。

附表　锡林郭勒草地组、型面积统计

草地类、组、型名称	面积（km²）	占所在组面积（%）
Ⅰ（低山）丘陵草甸草地类		
1. 中型细叶禾草草地组	6 355.44	
贝加尔针茅、羊草	4 876.50	76.73
贝加尔针茅、杂类草	767.78	12.08
贝加尔针茅、线叶菊	711.16	11.19
2. 高大杂类草草地组	4 338.57	
线叶菊、贝加尔针茅	2 629.45	60.61
线叶菊、杂类草	970.08	22.36
线叶菊、羊草	739.04	17.03
3. 中型宽叶禾草草地组	3 668.03	
羊草、贝加尔针茅	2 254.46	61.46
羊草、杂类草	1 059.60	28.89
羊草、线叶菊	353.98	9.65
4. 中生灌木草地组	926.26	
绣线菊-贝加尔针茅、羊草	926.26	100.00
Ⅱ高平原草甸草原草地类		
1. 中型宽叶禾草草地组	3 603.93	
羊草、贝加尔针茅、杂类草	3 007.50	83.45

（续表）

草地类、组、型名称	面积（km²）	占所在组面积（%）
羊草、杂类草	596.43	16.55
2. 中型细叶禾草草地组	3 167.52	
贝加尔针茅、羊草、杂类草	2 921.53	92.23
贝加尔针茅、杂类草	245.99	7.77
3. 高大杂类草草地组	1 784.49	
线叶菊、贝加尔针茅、杂类草	1 418.24	79.48
线叶菊、羊草、杂类草	366.25	20.52
Ⅲ（低山）丘陵干草原草地类		
1. 中型细叶禾草草地组	11 891.74	
大针茅、羊草（冰草）、杂类草	6 667.47	56.07
大针茅、糙隐子草、杂类草	2 563.75	21.56
克氏针茅、冷蒿、杂类草	1 370.95	11.53
克氏针茅、糙隐子草、杂类草	575.02	4.84
克氏针茅、羊草（冰草）、杂类草	411.87	3.46
大针茅、冷蒿、杂类草	302.68	2.55
2. 中型宽叶禾草草地组	9 984.86	
羊草、大针茅（克氏针茅）、杂类草	7581.52	75.93
羊草、冷蒿、杂类草	1 984.99	19.88
羊草、糙隐子草（冰草）、杂类草	418.34	4.19
3. 矮小细叶禾草草地组	2 567.62	
糙隐子草、针茅（羊草）、杂类草	2 413.21	93.99
冰草、针茅（冷蒿）、杂类草	154.41	6.01
4. 旱生叶半灌木草地组	2 311.16	
冷蒿、羊草（糙隐子草）、杂类草	1 926.96	83.38
百里香（驼绒藜）、冷蒿、克氏针茅	384.19	16.62
5. 具刺旱生灌木草地组	7 488.48	
小叶锦鸡儿-羊草（糙隐子草、冰草）、冷蒿	4 286.61	57.24
小叶锦鸡儿-针茅、冰草（羊草、冷蒿）	3 201.87	42.76
Ⅳ平原干草原草地类		
1. 中型细叶禾草草地组	18 360.11	
大针茅、羊草（糙隐子草）、杂类草	70 30.71	38.29
克氏针茅、羊草（糙隐子草）、杂类草	5 499.01	29.95
克氏针茅、冷蒿、杂类草	4 696.68	25.58
大针茅、冷蒿、杂类草	1 133.70	6.17

（续表）

草地类、组、型名称	面积（km²）	占所在组面积（%）
2. 中型宽叶禾草草地组	16 270.93	
羊草、针茅、杂类草	9 811.44	60.30
羊草、糙隐子草、杂类草	3 417.31	21.00
羊草、冷蒿（多根葱）、杂类草	3 042.19	18.70
3. 矮小细叶禾草草地组	6 799.53	
糙隐子草、针茅、杂类草	4 333.90	63.74
糙隐子草、冷蒿、杂类草	898.52	13.21
冰草、冷蒿（多根葱）、杂类草	1 425.25	20.96
4. 旱生叶半灌木草地组	3 247.82	
冷蒿、羊草（冰草）、杂类草	3 247.82	100.00
5. 葱类草地组	2 253.53	
多根葱、针茅（羊草）、杂类草	2 253.53	100.00
6. 具刺旱生灌木草地组	8 236.18	
小叶锦鸡儿-羊草（糙隐子草）、冷蒿	3 510.89	42.63
小叶锦鸡儿-针茅、杂类草	2 307.02	28.01
小叶锦鸡儿-百里香（冷蒿）、杂类草	1 950.17	23.68
小叶锦鸡儿-驼绒藜、冷蒿	468.10	5.68
（Ⅳ）沙丘沙地干草原草地亚类		
1. 夏绿阔叶禾草草地组	1 677.84	
榆-圆叶桦（柳）树-冷蒿（糙隐子草）	856.43	51.04
榆-小叶锦鸡儿-褐沙蒿	821.41	48.96
2. 中生灌木草地组	3 312.72	
黄柳（小红柳）-褐沙蒿、冰草	3 172.05	95.75
绣线菊（西伯利亚杏）-冷蒿、羊草	140.67	4.25
3. 具刺旱生灌木草地组	11 863.93	
小叶锦鸡儿-沙鞭（褐沙蒿、冷蒿）、冰草	8 553.74	72.10
中间锦鸡儿-褐沙蒿、沙鞭	3 138.50	26.45
小叶锦鸡儿-羊草、冰草	171.69	1.45
4. 旱生叶半灌木草地组	4 997.03	
褐沙蒿、百里香、杂类草	3 736.00	74.76
褐沙蒿、沙鞭（冷蒿、叉分蓼）、冰草（扁蓿豆）	1 261.03	25.24
5. 粗大禾草草地组	994.63	
沙鞭、冰草（糙隐子草）、冷蒿	994.63	100.00
6. 矮小细叶禾草草地组	1 103.89	

（续表）

草地类、组、型名称	面积（km²）	占所在组面积（%）
沙生冰草（羊草）、糙隐子草（冷蒿）、杂类草	1 103.89	100.00
Ⅴ丘陵荒漠草原草地类		
1. 矮小细叶禾草草地组	3 688.11	
小针茅、冷蒿、沙生冰草（无芒隐子草）	1 899.82	51.51
小针茅、无芒隐子草、多根葱	1 229.61	33.34
戈壁针茅、冷蒿、无芒隐子草	558.68	15.15
2. 具刺旱生灌木草地组	1 345.34	
狭叶锦鸡儿-戈壁针茅、女蒿	831.62	61.81
小叶锦鸡儿-小针茅、冷蒿	488.31	36.30
狭叶锦鸡儿-沙生冰草、无芒隐子草	25.41	1.89
3. 旱生叶半灌木草地组	137.40	
驼绒藜-戈壁针茅-木地肤	137.40	100.00
4. 旱生灌木草地组	57.16	
柄扁桃-戈壁针茅（小针茅）-冰草	57.16	100.00
5. 葱类草地组	246.39	
多根葱、戈壁针茅（小针茅）、无芒隐子草	246.39	100.00
Ⅵ平原荒漠草原草地类		
1. 矮小细叶禾草草地组	16 343.83	
小针茅、冷蒿、多根葱	12 553.07	76.81
戈壁针茅、无芒隐子草、杂类草	3 790.76	23.19
2. 葱类草地组	261.86	
多根葱、小针茅、无芒隐子草	261.86	100.00
3. 旱生叶半灌木草地组	1 227.08	
女蒿（木地肤）-戈壁针茅、冷蒿	687.21	56.00
冷蒿、沙生针茅、无芒隐子草	539.87	44.00
4. 具刺旱生灌木草地组	4 990.76	
小叶锦鸡儿-小针茅、沙生冰草（隐子草）	4 238.45	84.93
狭叶锦鸡儿-戈壁针茅、多根葱（蒿类）	752.31	15.07
Ⅶ残丘草原化荒漠草原类		
旱生叶半灌木草地组	490.04	
雀猪毛菜-戈壁针茅（小针茅）	490.04	100.00
Ⅷ高平原草原化荒漠草地类		
1. 肉质叶旱生半灌木草地组	5 845.52	
雀猪毛菜（红砂）-戈壁针茅、多根葱	4 462.90	76.35

（续表）

草地类、组、型名称	面积（km²）	占所在组面积（%）
红砂、白刺（霸王）-多根葱	1 206.27	20.64
盐爪爪、红砂、雀猪毛菜	176.35	3.02
2. 具刺旱生半灌木草地组	107.32	
狭叶锦鸡儿-红砂-戈壁针茅（小针茅）	107.32	100.00
IX 山地草甸草地类		
1. 夏绿阔叶林林缘高大杂类草草地组	1 383.09	
地榆、脚薹草（贝加尔针茅）、杂类草	1 383.09	100.00
2. 细小莎草草地组	1 519.23	
脚薹草、杂类草	1 519.23	100.00
X 平原草甸草地类		
1. 中型宽叶禾草草地组	3 923.49	
羊草、杂类草	3 406.84	86.83
羊草、马蔺、杂类草	516.66	13.17
2. 高大禾草草地组	516.66	
拂子茅、薹草（小莎草）、杂类草	516.66	100.00
3. 矮小细叶禾草草地组	3 537.70	
寸草苔、野大麦、杂类草	2 921.53	82.58
星星草、芦苇、赖草	616.17	17.42
4. 中生灌木草地组	612.84	
小红柳（黄柳）-羊草、杂类草	612.84	100.00
（X）平原盐化草甸草地亚类		
1. 粗大禾草草地组	9 655.83	
芨芨草-羊草（赖草）、杂类草	5 238.22	54.25
芨芨草-盐爪爪（白刺、红砂）	1 565.25	16.21
芨芨草-马蔺（芦苇）、杂类草	1 231.62	12.76
芨芨草-碱蓬（碱蒿）、杂类草	717.69	7.43
芨芨草-多根葱（冷蒿）、杂类草	565.95	5.86
芦苇-碱茅、杂类草	337.10	3.49
2. 盐生灌木草地组	1 681.04	
锦鸡儿-芨芨草-驼绒藜	1 681.04	100.00
3. 盐生灌木草地组	1 681.04	
盐爪爪、红砂-羊草（芨芨草）	1 363.28	81.10
白刺（红砂）-芨芨草（羊草）	317.76	18.90
4. 鸢尾类草地组	217.11	

（续表）

草地类、组、型名称	面积（km²）	占所在组面积（%）
马蔺、薹草、野大麦	217.11	100.00
5. 盐生一年生草本草地组	723.56	
碱蓬、碱蒿、杂类草	723.56	100.00
Ⅺ平原沼泽草地类		
1. 粗大禾草草地组	286.48	
芦苇-莎蒿、杂类草	286.48	100.00
2. 粗糙莎草草地组	50.49	
薹草、杂类草	50.49	100.00

注：数据来源于《锡林郭勒草地资源》。

附录二 英文缩写表

英文缩写	英文全称	中文名称
APAR	Absorption of Photosynthetically Active Radiation	植被吸收光合有效辐射
CSCS	Comprehensive and Sequential Classification System	草地综合顺序分类方法
GEE	Google Earth Engine	谷歌地球引擎
HNPP	Human-induced Net Primary Productivity	人类活动影响的净初级生产力
LNPP	Light-use Net Primary Productivity	光合净初级生产力
LUCC	Land-use and Land Cover Change	土地利用/土地覆盖变化
LUE	Light-use Efficiency	光能利用率
MNDWI	Modified Normalized Difference Water Index	归一化差分水体指数
NDBI	Normalized Difference Building Index	归一化建筑指数
NDVI	Normalized Difference Vegetation Index	归一化植被指数
NPP	Net Primary Productivity	净初级生产力
OA	Overall Accuracy	总体精度
PA	Producer's Accuracy	制图精度
PAR	Photosynthetically Active Radiation	光合有效辐射
PD	Patch Density	斑块密度
PN	Patch Number	斑块数量
PNPP	Potential Net Primary Productivity	潜在净初级生产力
RF	Random Forest	随机森林
RNPP	Real Net Primary Productivity	实际净初级生产力
SHEI	Shannon Evenness Index	香农均匀度指数
SR	Simple Ratio Index	比值植被指数
UA	User's Accuracy	用户精度
VHCS	Vegetation-habitat Classification System	植被-生境学分类系统